インプレスR&D［NextPublishing］ 技術の泉 SERIES
E-Book / Print Book

現場で使える
Vue.js tips集

渋田 達也 著

impress
R&D
An Impress
Group Company

実装パターンから学ぶVue.js
プロダクトで使える
サンプルコード付き！

目次

- はじめに 5
- 概要 5
- ターゲット 5
- サンプルコードについて 5
  - サンプルコードのリポジトリ 5
  - 環境 5
- Twitterのハッシュタグ 6
- 注意 6
  - 書籍中のコードについて 6
  - 誤りなどの連絡先 6
- 表記関係について 6
- 免責事項 6
- 底本について 7

第1章 computedとfilterの使い分け 8
- 1.1 computed 8
- 1.2 filter 9
- 1.3 どのような使い分けをするか 10
- 1.4 まとめ 13

第2章 お問い合わせフォームと戦う 14
- 2.1 フォームは難しい、そしてめんどくさい 14
- 2.2 お問い合わせフォームの要件 17
  - 項目 17
  - 機能要件 17
  - その他運用する上で実現しておきたいこと 17
- 2.3 解説の流れ 17
- 2.4 ライブラリーの完成形の紹介 18
- 2.5 基礎クラスと基礎ミックスインの役割 18
  - BaseFormクラス 18
  - BaseFormItemクラス 18
  - form-itemミックスイン 18
- 2.6 基礎クラスと基礎ミックスインの関係 19
- 2.7 ライブラリーの使い方 20
  - NameFormItem extends BaseFormItemの作り方 21
  - ContactForm extends BaseFormの作り方 23
  - form-itemミックスインを追加したFormInputコンポーネントの作り方 25

2.8 ライブラリーを使ってフォームを作る ………………………………………… 29
- textareaのコンポーネント ………………………………………………………… 29
- selectのコンポーネント …………………………………………………………… 31
- フォームを作る ……………………………………………………………………… 35
- 項目間のバリデーション …………………………………………………………… 38

2.9 ページ間のデータの受け渡し ………………………………………………… 40
- Vuexストアを作り確認画面へデータを受け渡す ……………………………… 40
- beforeRouteEnter …………………………………………………………………… 43
- beforeRouteEnterの中のstore …………………………………………………… 43
- 確認画面から戻ったときのバリデーション ……………………………………… 43

2.10 まとめ …………………………………………………………………………… 45

第3章 フォームのライブラリー実装編 ……………………………………………… 46

3.1 BaseFormItemクラス ……………………………………………………………… 46
- パブリックプロパティ ……………………………………………………………… 46
- パブリックメソッド ………………………………………………………………… 46
- BaseFormItemクラスの概要 ……………………………………………………… 47
- 値の変更を検知してバリデーションを実行 ……………………………………… 47
- バリデーションの結果を受けてメッセージを更新 ……………………………… 50
- 項目自体がエラーであるかの状態を保持 ………………………………………… 52
- エラーの状態が変化したときのObserverの受付 ……………………………… 53
- 値が更新されたときのObserverの受付 ………………………………………… 55
- dirtyなどのDOMのイベントを伴わない状態の保持 ………………………… 56
- 残りの追加 …………………………………………………………………………… 57
- まとめ ………………………………………………………………………………… 58

3.2 BaseFormクラス …………………………………………………………………… 59
- パブリックプロパティ ……………………………………………………………… 59
- パブリックメソッド ………………………………………………………………… 59
- BaseFormクラスの概要 …………………………………………………………… 59
- 項目の追加 …………………………………………………………………………… 60
- 項目のエラーの状態を監視 ………………………………………………………… 61
- 値のObject化 ………………………………………………………………………… 62
- 値の更新 ……………………………………………………………………………… 63
- 項目間のバリデーションの管理 …………………………………………………… 64
- まとめ ………………………………………………………………………………… 66

3.3 form-itemミックスイン ………………………………………………………… 67
- 1.form-itemミックスインの実装 ………………………………………………… 67
- 2.バリデーションのUX向上 ……………………………………………………… 71
- まとめ ………………………………………………………………………………… 73

3.4 フォームのユニットテストについて ………………………………………… 73
- BaseFormクラスを継承したXxxFormクラス …………………………………… 73
- BaseFormItemクラスを継承したXxxFormItemクラス ………………………… 74
- form-itemミックスインを追加したFormXxxコンポーネント ………………… 74
- まとめ ………………………………………………………………………………… 75

3.5 章のまとめ ………………………………………………………………………… 75

第4章 Vuexのtips ……………………………………………………………………… 76

4.1 ユースケース ……………………………………………………………………… 76

　　　　APIサーバーのデータをキャッシュしておきたいとき······································76
　　　　モーダルダイアログやトーストなどグローバルに配置しているコンポーネントの操作··············76
　4.2　Vuexの使い方··76
　　　　モジュールのすすめ···77
　　　　一部のmapperヘルパーは使わない··80
　　　　どの程度Vuexに載せるか··81
　　　　ストアの値を参照するときはgetterを使う···83
　4.3　まとめ···83

第5章　vue-test-utilsでなにをテストするか　84

　5.1　最低限のコンポーネントテスト···84
　5.2　テストの方針···85
　　　　1.無事にマウントされること··85
　　　　2.イベントが発火すると期待した結果となること··85
　　　　3.propsで受け取る値により期待した結果となること··86
　5.3　テストコードの実例解説···86
　　　　FormInputコンポーネントの実例··87
　　　　form-itemミックスインの実例···90
　5.4　まとめ···96
　　　　Jestのスナップショット機能を利用したHTMLのテスト···96
　　　　テストのコメント··96
　　　　vue-test-utilsをどこから導入する？··97

第6章　vue-i18nのLazy loadingとvue-router　98

　6.1　説明の前の補足··99
　6.2　言語テキストはどう分ける？··99
　　　　vue-i18nの言語テキストの持たせ方···99
　　　　言語テキストをvue-i18nで扱えるようにするタイミング···100
　　　　言語ファイルをどれだけ分けるか···100
　　　　最適そうな持たせ方とタイミング···100
　6.3　言語テキストのLazy loading···101
　　　　仕様など··101
　　　　実装··102
　　　　Lazy loading···104
　　　　遷移時のJSON取得···107
　6.4　まとめと課題···109
　　　　1.同じコンポーネント間の遷移の場合はbeforeEachの処理を待たずにレンダリングされてしまう······109
　　　　2.v-tでは意図しない表示になる可能性がある··110
　　　　課題のまとめ···110

　　　あとがき···111

はじめに

　本書を手にとっていただきありがとうございます。まずはこの本の概要とどのような人をターゲットとしているのかを先に説明します。

概要

　本書はVue.jsの初心者に向けた本ではありません。筆者がこれまで現場で得てきた知見をいくつかピックアップし、それをtips集としてまとめた本です。

　また「tips集」というタイトルですが、小さなtipsを列挙しているわけではありません。章ごとにとあるテーマを題材とし、その中にtipsになる情報が散りばめられています。そのため、Vue.js自体の細かな説明はありませんし、機能の説明は簡単にしか行いません。

　さらに基本的にSFC（Single File Component）前提で話を進めていきます。ES（ECMAScript）の新しめの構文なども使っています（ESの構文については本書のサポートページで少しだけ補足説明しています）。

　またこの本は技術書典4（ https://techbookfest.org/event/tbf04 ）で頒布した同人誌が商業誌となったものです。企画から練られたものではなく筆者がテーマを決めて勢いで書いた本です。一般的に販売されている技術書とは趣が異なるかもしれません。そのあたりをご理解の上お読みいただけると幸いです。

ターゲット

- 目次に書いてある内容が気になる人
- Vue.jsでWebアプリケーションを作っている人
- Vue.jsの具体的な実装例が見たい人
- npmやyarnを扱える人

サンプルコードについて

サンプルコードのリポジトリ

　今回のサンプルコードは全て次のGitHubリポジトリにおいています。

　https://github.com/mya-ake/vue-tips-samples

　リポジトリのREADMEにはサンプルコードのデモやサポートサイトのURLが記載されています。本書を読み進めながら一緒に確認されるとより理解が深まるでしょう。

環境

　サンプルコードのプロジェクトにはvue-cli v3を使っています。サンプルコード自体はvue-cli

に依存したものではないので、読者のプロジェクトでも使えると思います。

　ESLintの設定は**ESLint + Prettier**を少しカスタマイズ（singleQuoteとtrailingComma）しています。またeslint-plugin-vueの設定も追加しています。設定はeslintrc.js（ https://github.com/mya-ake/vue-tips-samples/blob/master/form/.eslintrc.js ）をご覧ください。

Twitterのハッシュタグ

　Twitterのハッシュタグは同人誌版に続き#現場で使えるvuejstipsを使います。筆者から本書に関するお知らせに使っています。感想などをつぶやいていただけると今後の励み&参考になるので嬉しいです。

注意

書籍中のコードについて

　書籍中には説明のためのコードが出てきます。しかしコードは文量が多いのでimportやexportを省略して書いているものが多いです。そのため本の中のコードはコピペして動作するものでない可能性があるのでご注意ください。GitHubのリポジトリのコードは動作する状態になっているので、コピペ等される際はそちらを利用された方がトラブルが少ないと思います。

誤りなどの連絡先

　本書の内容についてですが可能な限り正確な情報を書いているつもりですが、誤りがある可能性もあります。もしなにか見つけましたらTwitterのアカウント（@mya_ake）に連絡、またはGitHubのリポジトリのissues（ https://github.com/mya-ake/vue-tips-samples/issues ）に記載していただけると助かります。

表記関係について

　本書に記載されている会社名、製品名などは、一般に各社の登録商標または商標、商品名です。会社名、製品名については、本文中では©、®、™マークなどは表示していません。

免責事項

　本書に記載された内容は、情報の提供のみを目的としています。したがって、本書を用いた開発、製作、運用は、必ずご自身の責任と判断によって行ってください。これらの情報による開発、製作、運用の結果について、著者及び出版社はいかなる責任も負いません。

底本について

本書籍は、技術系同人誌即売会「技術書典4」で頒布されたものを底本としています。

第1章 computedとfilterの使い分け

本章で紹介するのは、Vue.jsのcomputedとfilterの使い分けに関するtipsです。computedとfilterは、やろうと思えばどちらでも同じ結果が得られるものではあります。ただ、それぞれにやはりメリットとデメリットが存在します。まずはcomputedとfilterについて、簡単に説明していきます。

1.1 computed

computedは、Vue.jsの算出プロパティと呼ばれる機能です。この機能を使うことで、事前に計算や加工された値を参照することができます。

次のコードはブログにつけるようなタグの配列を羅列して表示している例です。

※コードの概要：配列をjoinしているcomputed

```
<template>
  <div>
    <div>
      <em>タグの配列</em>
      <ul>
        <li
          v-for="(tag, index) in tags"
          v-bind:key="`tag-${index}`"
        >{{ tag }}</li>
      </ul>
    </div>
    <div>
      <em>タグの文字列</em>
      <p>{{ tagsString }}</p>
    </div>
  </div>
</template>

<script>
export default {
  data() {
    return {
      tags: ['JavaScript', 'Vue.js', 'computed'],
    };
```

```
    },
    computed: {
      tagsString() {
        return this.tags.join('、');
      },
    },
  };
</script>
```

この例のように、dataプロパティの値になんらかの演算（Arrayであればjoin、Stringであればsplitなど）を行うような場合に有用です。

1.2　filter

filterは表示されるテキストや属性を加工することができる機能です。

次のコードは、数値を3桁区切りやゼロ埋めするfilterを適用している例です。

```
<template>
  <div>
    <em>3桁区切り</em>
    <p>{{ number | separateDigit3 }}</p>
    <em>ゼロ埋め</em>
    <p>{{ number | padZero(12) }}</p>
  </div>
</template>

<script>
export default {
  filters: {
    separateDigit3(value) {
      return Number(value).toLocaleString('ja-JP', {
        style: 'decimal',
      });
    },
    padZero(value, digit = 10) {
      return String(value).padStart(digit, '0');
    },
  },
  data() {
    return {
      number: 12345678,
    };
```

```
    },
};
</script>
```

　この例のように、表示上は3桁区切りやゼロ埋めはしたいが、値としては数値を持っておきたいときなどに有用です。

1.3　どのような使い分けをするか

　computedとfilterはやろうと思えばどちらでも同じ結果が得られるものではあります。上のふたつの例もお互いにお互いを置き換えて実装することができます。ただし、あくまで同じ結果が得られるだけであり、Vue.jsの処理は異なっています。

　大きな違いは、computedは結果が同じになる場合はキャッシされ、filterはupdateの度に再実行されるということにあります。これだけを見るとcomputedの方が優秀だからcomputedだけ使えば良いと思いがちですがそういうわけでもありません。やはり向き不向きはあります。

　筆者の個人的な使い分けの基準は、**templateブロックだけで加工したいものはfilterを使う**というものです。言い換えれば、表示のためだけの加工はfilterを使います。

　なぜcomputedではないのかと言うとfilterは共通化がしやすく、コンポーネント間で共通して同じものが使えます。そしてユニットテストもしやすいです。これに対して、computedはコンポーネントに強く依存します。一時のパフォーマンスよりも長期運用に強い選択とも言えます。ではパフォーマンスをないがしろにするのかというとそういうわけでもありません。表示上の加工という処理は大した計算量にはならないはずだからです（多量のループが発生するようなfilter処理でなければですが）。

　逆にどのような場合でcomputedを積極的に使うかですが、**特定の状態を変数として扱いたい場合**などに使います。

　computedの本質は加工ではなく、特定の状態に名前を付けることができることだと個人的には考えています。次のコードは、フォームの各要素のバリデーション結果などをcomputedで算出しているサンプルコードです。このコードは状態の変化をひとつずつcomputedで算出しているコードとなっています。

　※例としてのコードであり、使うコードとしてはよい形ではないと筆者は考えます。

```
<template>
  <div>
    <form v-on:submit.prevent="handleSubmit">
      <div>
        <label for="name">Name</label>
        <input id="name" v-model.trim="name" type="text">
        <p v-if="invalidName">{{ messageName }}</p>
```

```
    </div>
    <div>
      <label for="email">Email</label>
      <input id="email" v-model.trim="email" type="email">
      <p v-if="invalidEmail">{{ messageEmail }}</p>
    </div>
    <button v-bind:disabled="hasError" type="submit">送信</button>
  </form>
  <div v-text="sendData"/>
</div>
</template>
<script>
export default {
  data() {
    return {
      name: '',
      email: '',
      sendData: null,
    };
  },
  computed: {
    messageName() {
      return this.name.length === 0 ? '入力してください' : '';
    },
    messageEmail() {
      if (this.email.length === 0) {
        return '入力してください';
      }
      // バリデーションが雑なので流用しないでください
      if (/\w+@\w+/.test(this.email) === false) {
        return 'メールアドレスを入力してください';
      }
      return '';
    },
    invalidName() {
      return this.messageName.length > 0;
    },
    invalidEmail() {
      return this.messageEmail.length > 0;
    },
    hasError() {
```

```
      return this.invalidName || this.invalidEmail;
    },
  },
  methods: {
    handleSubmit() {
      this.sendData = JSON.stringify({
        name: this.name,
        email: this.email,
      });
    },
  },
};
</script>
```

　このコードの面白いところは、引数を受け取る関数がひとつもない点です。フォームがエラーかどうかの判定まで、流れるように算出されています。

　次の図は、このコードの状態をフロー図にしたものです。

図1.1: フロー図

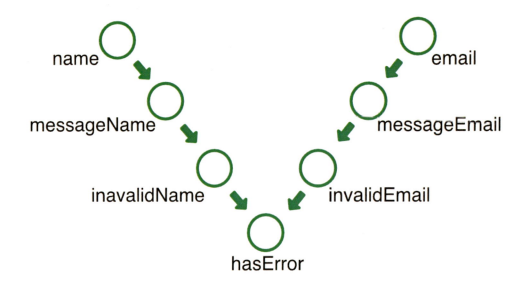

　nameが決まるとmessageNameが決まる→messageNameが決まるとinvalidNameが決まる。というようにデータの流れができます。
　これと似たような図を見たことがあるという方もいるのではないでしょうか？そうです、リ

アクティブプログラミングで出てくるグラフです。これがVue.jsのcomputedを使ったリアクティブプログラミングです。

ただし、テストがしづらいのが難点です。vue-test-utilsを使ったコンポーネント単位のテストで、値を入力してその後それぞれのcomputedがどのような値になっているかという大雑把なテストになるでしょう。できるならそれぞれの処理を個別にテストしたいところです。

このようなコードを書くことで状態に名前を付けられるということが、computedのメリットです。ただし、個別のテストはしづらいので用法用量は考えて使いましょう。今回のサンプルコードの場合、バリデーションをcomputedでなく、methodsなどにすると引数を渡せるので個別にテストがしやすくなります。

1.4 まとめ

computedとfilterの使い分けを解説しました。よくcomputedの例として表示のためにcomputedを使うケースがありますが、本当にcomputedを使う必要があるのかというものが多いのです。例えば、firstNameとlastNameの組み合わせです。こういうものは`<span>{{ firstName }} {{ lastName }}</span>`で十分です。

また、使い分けの基準ではfilterはユニットテストしやすいと説明しました。これと同じように、なにか選択に迷ったときはどちらがテストしやすいだろうかと考えて選択すると将来的に良い選択になるでしょう。

第2章 お問い合わせフォームと戦う

　Webのお仕事をやっていると各種のフォームを作る場面に出会うのではないでしょうか。筆者も幾度となく経験しています。その都度、作るものに合わせたフォームを作ってきました。
　フォームって難しいですよね。入力にエラーがないかバリデーションして、エラーがあればエラーに応じたメッセージを表示して、ものによっては確認画面も存在します。
　一応ブラウザにはフォームのバリデーションをサポートするための仕組みが備わっています。Google Developersに「最適なフォームの作成」というページ（https://developers.google.com/web/fundamentals/design-and-ux/input/forms/?hl=ja）があり、このページにはHTMLの属性やConstraint Validation APIを利用したバリデーションの方法などが書かれています。しかし、UI的な要求などを考慮するとこういったデフォルトの機能だけでは達成できないことが多いと思います。そこでこれらの機能を自前で実装する、という決断をすることが多々あるのではないでしょうか。
　本章ではWebサービスを作る上で切っても切り離せないフォームについて解説します。今回は前述のGoogle Developerのページに書かれているようなブラウザのAPIを利用したバリデーションやメッセージの表示を利用せずに、自前で実装することにします。これは自前実装という現場が多いであろう、という筆者の肌感覚の独断と偏見による判断です。
　というわけで本章では、自前実装のお問い合わせフォームを例に作っていきます。

2.1 フォームは難しい、そしてめんどくさい

　冒頭にも書きましたがフォームはやること（要件）が多いです。
・各項目のバリデーション
・バリデーション内容に応じたメッセージの表示
・確認画面

　確認画面は実装されないこともありますが、それ以外のふたつはほぼ実装が必須です。これに加えて最近ではUXを考慮し、入力中にバリデーション（リアルタイムバリデーション）を行うフォームが多くなってきました。さらにUXを高めるため、にユーザーの入力が完了するのを待ってエラーメッセージを表示することが推奨されることもあります。このように最低限必要な要件に加え、UXを高めるためなどの理由により追加で要件が発生することもあります。
　実装についても考えてみましょう。Vue.jsでは、watchの機能を使えばある程度のリアルタイムバリデーションを行うフォームを簡単に実装できます。例えば次のようなものです。

```
<template>
```

```
    <div>
      <input type="text" v-model="name">
      <p>{{ message }}</p>
    </div>
</template>
<script>
export default {
  data() {
    return { name: '', message: '' };
  },
  watch: {
    name(value) {
      if (this.name.length > 10) {
        this.message = '長すぎます';
      } else {
        this.message = '';
      }
    },
  },
};
</script>
```

v-modelで双方向バインディングを行い、watchでその値を監視させています。これで項目ごとのバリデーションとバリデーションの内容に応じたメッセージの表示、加えてリアルタイムバリデーションができています。とても便利です。

これにユーザーの入力が完了したらバリデーションする、という要件を加えましょう。ここでは「ユーザーの入力が完了した」という状態を、フォーカスが外れたときと定義します。

```
<template>
  <div>
    <input type="text" v-model="name" v-on:blur="handleBlurName">
    <p>{{ message }}</p>
  </div>
</template>
<script>
export default {
  data() {
    return {
      name: '',
      nameValidatable: false,
      message: '',
```

```
    };
  },
  watch: {
    name() {
      if (this.nameValidatable) this.nameValidate();
    },
  },
  methods: {
    nameValidate() {
      if (this.name.length > 10) {
        this.message = '長すぎます';
      } else {
        this.message = '';
      }
    },
    handleBlurName() {
      this.nameValidatable = true;
      this.nameValidate();
    },
  },
};
</script>
```

　新しくnameValidatableという変数を初期値falseで追加し、v-on:blurのイベントでtrueに更新しています。そしてwatchでnameValidatableがtrueのときだけバリデーションを行うようにします。

　こうすればユーザーが最初の入力している間はバリデーションが行われず、一度離れたときにバリデーションされ、再度入力を始めたらリアルタイムバリデーションが行われるようになります。

　さて、ユーザーの入力が完了したらバリデーションを行うという実装はできましたが、それぞれの項目に状態の変数を定義してblurイベントをつけて、というのように手間がかかります。UXは上がりましたが、DX（Developer Experience）は下がりました。

　このように愚直な実装をしていくことでも実現は可能です。しかし、拡張性、再利用性、保守性という観点で見た場合、辛いのではないでしょうか？その上テストはフォーム全体に対してしか行えません。項目が増えた場合などはすでに通っているテストに手を加える必要があります。好ましい状態とは言えないでしょう。

　次の節からは、お問い合わせフォームを例に要件定義を行い、どのような設計方針で実装していくかなどを解説します。

2.2 お問い合わせフォームの要件

お問い合わせフォームの要件をまとめましょう。

項目

- 名前（テキスト）
- メールアドレス（テキスト）
- お問い合わせカテゴリ（セレクトボックス）
- タイトル（テキスト）
- お問い合わせ内容（テキストエリア）

機能要件

- テキスト / テキストエリアはリアルタイムバリデーションあり
    —ユーザーの入力が完了してからエラーメッセージを表示する
    —エラーメッセージは項目の下に表示
- 各項目のバリデーション定義
    —名前：必須 / 16文字まで
    —メールアドレス：必須 / メールアドレスであること / 128文字まで
    —お問い合わせカテゴリ：必須
    —タイトル：32文字まで
    —お問い合わせカテゴリで「その他」を選択した場合は必須
    —お問い合わせ内容：必須 / 500文字まで
- 確認画面あり
    —SPAであり、入力画面と確認画面のURLは別
- フォーム全体でエラー（必須項目が埋まっていないなど）があれば確認画面に行けない

その他運用する上で実現しておきたいこと

- 可能な限り再利用できる形にすること
- 変化に強いこと
- テストの粒度が小さいこと

2.3 解説の流れ

今回は前節の要件を満たすためにライブラリーを作成しました。このライブラリーの解説をしつつ、問い合わせフォームを作成していきます。次のような順で解説します。

1. ライブラリーの完成形の紹介
2. 作ったライブラリーの使い方

3. ライブラリーを使ってフォームを作る

2.4 ライブラリーの完成形の紹介

まず、どのようなライブラリーが出来上がったのかを紹介します。今回は要件を満たすために次のふたつの基礎クラスとひとつの基礎ミックスインを作りました。

- BaseFormクラス
- BaseFormItemクラス
- form-itemミックスイン

これらをクラスなら継承、ミックスインならコンポーネントのmixinsに追加します。こうして基礎的な機能を個々に持たせるという方針です。まずはそれぞれの役割と関係を説明します。

2.5 基礎クラスと基礎ミックスインの役割

BaseFormクラス

BaseFormクラスはフォーム全体の状態を管理するためのクラスです。このクラスを継承することで新しいフォームを作成してもエラーの状態の管理などが自動で行われるようになります。このクラスでは次の要素を管理します。

- フォームの全体でエラーが存在するか
- 各項目
- 項目間のバリデーション

BaseFormItemクラス

BaseFormItemクラスはフォームの各要素の状態を管理するためのクラスです。このBaseFormItemクラスが、今回作るフォームの中心となります。このクラスを継承することで、任意のバリデーションの追加やエラーメッセージの管理が自動で行われるようになります。このクラスでは次の要素を管理します。

- 項目の値
- リアルタイムバリデーション
- エラーメッセージ
- 項目のステータス（エラーが含まれているか）

form-itemミックスイン

form-itemミックスインはフォームの各要素のコンポーネントに共通の機能を持たせるためのミックスインです。このミックスインを追加することで、コンポーネントにバリデーションのタイミングを指定するpropsを設定できるようになります。このミックスインでは次の要素を管理します。

・エラーメッセージの表示非表示の管理
・ユーザーの入力などイベントのハンドリング

2.6 基礎クラスと基礎ミックスインの関係

　次の図はそれぞれの関係を示したものになります。図では基礎クラスを継承、またはミックスインされたコンポーネントを表示しています。名前はわかりやすいようにお問い合わせのフォームに合わせたクラス名やコンポーネント名を付けています。

・BaseFormを継承したContactForm（お問い合わせフォーム）
・BaseFormItemを継承したNameFormItem（名前）、EmailFormItem（メールアドレス）
　―簡略化のためふたつだけ
・form-itemをミックスインしたFormInputコンポーネント（テキスト）

図2.1: 基礎クラスと基礎ミックスインの関係図

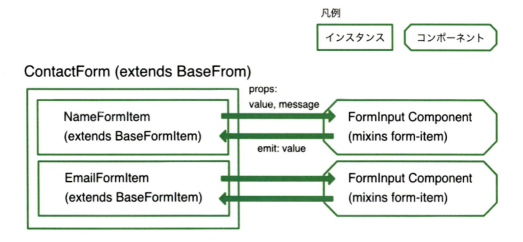

　ContactFormの中にNameFormItemとEmailFormItemを持たせ、ContactFormをそれぞれの親とします。親となるContactFormが子であるNameFormItem、EmailFormItemの状態（エラーかどうか）を監視し、フォーム全体にエラーがあるかどうかをチェックしています。

　FormInputコンポーネントは名前の項目であればNameFormItem、メールアドレスの項目であればEmailFormItemをpropsとして受け取ります。受け取ったpropsから値やメッセージを受け取り、viewとして表示することが可能です。propsで渡すXxxFormItem（Xxxは任意のフォームの項目名）を差し替えることで様々な項目に対応することができるようになっています。

　それぞれの数の関係を書き出すと次のようになります。

・XxxFormItemはフォームの項目につきひとつ存在

・XxxForm（Xxxは任意のフォーム名）は複数のXxxFormItemを持つ
・FormInputコンポーネントはひとつのXxxFormItemを受け取る

この関係からXxxFormItemが中心となっていることがわかります。
次の節ではこれらの基礎クラスや基礎ミックスインの使い方を解説していきます。

2.7　ライブラリーの使い方

　関係の中心となるXxxFormItemの作り方、そしてフォーム全体となるXxxFormの作り方、最後にviewとなるinputのコンポーネントを作ります。ここから要件にあったものを実際に作りつつ、次のような順序で解説します。

1. BaseFormItemを継承した**NameFormItem**
2. BaseFormを継承した**ContactForm**
3. form-itemミックスインを追加した**FormInputコンポーネント**

　またここから、サンプルコードにimportが記述されていることがあります。フォルダ構成は次のとおりです。※ 解説で使うフォルダのみ抜粋。

※ importするときの@はsrcフォルダのエイリアス（別名）。@/libと書くとlibフォルダを参照するようになります。

※ まとめてimportするためのindex.jsは省略。

```
project/
├ src/
│ ├ components/
│ │ └ FormInput.vue
│ ├ forms/
│ │ ├ items/
│ │ │ └ NameFormItem.js
│ │ └ ContactForm.js
│ ├ lib/
│ │ ├ BaseForm.js
│ │ └ BaseFormItem.js
│ └ mixins/
│     └ form-item.js
└ package.json
```

　実装のフォルダ構成はGitHubのリポジトリ（https://github.com/mya-ake/vue-tips-samples/tree/master/form ）を見てもらうのがよいでしょう。

NameFormItem extends BaseFormItem の作り方

お問い合わせフォームの「名前」の項目のクラスを作っていきます。

まず、完成形は次のようになります。

※メソッド名の前に_が付いているメソッドはプライベートメソッド（そのクラス内でしか呼ばれないメソッド）です。プライベートなメソッド、またはプロパティには_を付けるのはJavaScriptのコードの慣習になっています。他のnpmで公開されているライブラリーでも_が使われています。_が付いているメソッドやプロパティは外部から扱わないようにしましょう。

```javascript
import { BaseFormItem } from '@/lib';

export class NameFormItem extends BaseFormItem {
  constructor(value = '') {
    super(value);
    this._addValidators();
  }

  _addValidators() {
    this.addValidator({
      message: '入力が必須の項目です',
      validator: this._hasValue,
    });

    this.addValidator({
      message: '16文字以内で入力してください',
      validator: this._expectLength,
    });
  }

  _hasValue(value) {
    return String(value).length > 0;
  }

  _expectLength(value) {
    return String(value).length <= 16;
  }
}
```

このクラスで書いている内容は次のふたつです。

・初期値の設定

・バリデーションを追加

それぞれ見ていきます。

初期値の設定

constructorの引数にデフォルト値として空文字''を渡しています。これにより名前という要素の初期値を一括で指定することができるので、Webページ内の他の項目で使う場合も同様に扱え、二重に書くことを避けられます。

また引数を渡さなかった場合もvalueがundefinedにならないので、予期せぬエラーを防ぐことができます。

```
// 引数を空のままにするとデフォルト値が適用される
const nameFormItem = new NameFormItem();

// 引数を渡せばそれがその項目の値として入る
const nameFormItem = new NameFormItem('山田 太郎');
```

バリデーションの登録

BaseFormItemクラスはaddValidatorというメソッドを持っています。NameFormItemクラスはBaseFormItemクラスを継承しているため、thisからBaseFormItemのメソッドを使うことができます。このaddValidatorメソッドにエラー時のメッセージとそのエラーメッセージが表示されるときの条件を渡します。これにより、リアルタイムバリデーションが動作したときのバリデーションを定義することができます。

引数のvalidatorにはメソッドを指定します。この指定されたメソッドの引数には入力された値（上のvalue）が渡されます。その値を見て、正常なときはtrueが返るようなメソッドを用意する必要があります。

またリアルタイムバリデーションの実行される順序ですが、addValidatorメソッドで追加した順になります。基本的には登録されたバリデーションは全て実行されます。もしバリデーションを途中で止めたい場合は、stopというプロパティにtrueを指定します。そのバリデーションがエラーの判定になった場合は、そこでバリデーションの連鎖を止めることができます。

《tips》validatorのtips

次のように、addValidatorメソッドの引数に渡すvalidatorをNameFormItemのメソッドとして定義しています。

```
this.addValidator({
  message: '入力が必須の項目です',
  validator: this._hasValue,
});
```

これはもちろん次のように書き換えられます。

```
this.addValidator({
  message: '入力が必須の項目です',
  validator(value) {
    return String(value).length > 0
  },
});
```

なぜわざわざNameFormItemのメソッドとして記述しているのでしょう？それはユニットテストをやりやすくするためです。addValidatorメソッドの引数に直接記述してしまうと、簡単にテストができなくなってしまいます。

ContactForm extends BaseFormの作り方

次に、お問い合わせフォーム全体を管理するContactFormの作り方です。この解説では、説明を簡単にするため名前の項目であるNameFormItemのみを使います。先程と同様に、先に全体をお見せします。

```
import { BaseForm } from '@/lib';
import {
  NameFormItem,
} from './items';

export class ContactForm extends BaseForm {
  constructor({ name = '' } = {}) {
    super();
    this.addItem('name', new NameFormItem(name));
  }

  buildRequestBody() {
    return {
      contact: {
        ...this.values(),
      },
    };
  }
}
```

このクラスで書いている内容は次の3つです。

・項目の初期値の設定

- NameFormItemのインスタンスをフォームの項目として追加
- お問い合わせ内容のObject生成

それぞれについて解説します。

項目の初期値の設定

　初期値の設定には、NameFormItem同様constructorにデフォルト値を設定しています。このデフォルト値は、フォームとしてのデフォルトの初期値になります。もしNameFormItemなどXxxFormItemのデフォルト値を初期値としたい場合は、次のようにconstructorを定義すればよいでしょう。

```
export class ContactForm extends BaseForm {
  constructor({ name } = {}) {
    super();
    this.addItem('name', new NameFormItem(name));
  }
  // ...略
}
```

　これにより、引数を指定しなかった場合はnameにはundefinedが入るため、NameFormItemのデフォルト値を初期値とすることができます。

NameFormItemの追加

　ContactFormに項目を追加したい場合は、BaseFormのaddItemというメソッドを使います。addItemには第一引数に項目の名前、第二引数にその項目のXxxFormItemのインスタンスを定義します。

　これによりContactFormに項目として登録され、エラーの監視がされるようになります。

　XxxFormItemを参照する場合は、from.items.nameのようにitemsプロパティで参照することができます（formはContactFormのインスタンス）。

お問い合わせ内容のObject生成

　フォームの値をAPIサーバーに送信するときに利用するJSONを、buildRequestBodyメソッドで作っています。BaseFormにはvaluesメソッドが存在し、このメソッドを使うことで次のようなObjectを返します。

```
{
  name: '山田 太郎',
}
```

　このように、フォームに入力された値をObject化し、APIに送信するためのデータを生成で

きます。

form-itemミックスインを追加したFormInputコンポーネントの作り方

最後に、inputのコンポーネントに追加するform-itemミックスインの使い方です。

form-itemミックスインを追加したコンポーネントは次のようになります。

```
<template>
  <div>
    <label v-bind:for="id">{{ label }}</label>
    <input
      v-bind:type="type"
      v-bind:id="id"
      v-bind:value="value"
      v-bind:name="nameAttr"
      v-bind="$attrs"
      v-bind:class="{
        'has-error': showError
      }"
      v-on:input="handleInput"
      v-on:blur="handleBlur"
    >
    <ul v-show="showError">
      <li
        v-for="(message, index) in messages"
        v-bind:key="`message-${index}`"
      >{{ message }}</li>
    </ul>
  </div>
</template>

<script>
import { formItemMixin } from '@/mixins';

export default {
  mixins: [formItemMixin],
  inheritAttrs: false,
  props: {
    type: {
      type: String,
      default: 'text',
    },
  },
```

```
};
</script>
```

ほぼコンポーネントのHTML部分を記述しただけになっています。コンポーネントに必要な機能は、全てform-itemミックスインに記述されているためです。

このコンポーネントで書いている内容は次の4つです。

1．inputのtype属性をpropsで受け付けるようにする
2．属性値をinputタグに付くようにする
3．inputとblurのイベントのハンドラを登録する
4．form-itemミックスインの持ってるプロパティの値を反映する

それぞれについて解説します。

1.inputのtype属性をpropsで受け付けるようにする

inputタグにおいて重要になってくるtype属性です。defaultでtextを指定し、もれなくinputタグにtype属性が入るようにしています。type属性を指定しなくてもモダンブラウザであればtext"として動作はするはずです（ブラウザによって異なりますのでご注意ください）。

世の中には様々なブラウザが存在するので、念の為しっかりとtextが入るようにしています。

ちなみにこのtype属性によってinputの役割は大きく変わります。type属性はMDNのinputタグのページ（ https://developer.mozilla.org/ja/docs/Web/HTML/Element/input ）を見たところ2018年7月時点で22種類あります。適切に使い分けるようにしましょう。

2.属性値をinputタグに付くようにする

これは具体的にどこを指しているかというと、templateブロック中の$attrsとscriptブロック中のinheritAttrsです。inheritAttrsはVue.jsのオプションのひとつです（ https://vuejs.org/v2/api/#inheritAttrs ）。

デフォルトの状態であれば、このコンポーネントに指定された属性は次のようにルート要素が付きます。

```
<!-- これが -->
<form-input id="name" />

<!-- このように展開される ※ 一部要素は省略-->
<div id="name">
  <input type="text">
</div>
```

これはinheritAttrsがデフォルトでtrueになっているためです。このプロパティの値をfalseにしてあげることで$attrsをbindした要素に属性値を展開できるようになります。先

程の例でinheritAttrsをfalseにした場合は次のようになります。

```
<!-- これが -->
<form-input id="name" />

<!-- このように展開される ※ 一部要素は省略-->
<div>
  <input id="name" type="text">
</div>
```

3.inputとblurのイベントのハンドラを登録する

　form-itemミックスインに存在するイベントハンドラを指定する必要があります。この指定がないとv-modelやバリデーションが適切に実行されなくなってしまいます。

　ここは単純に次のようにinputタグに記述するだけです。

```
<input
  v-on:input="handleInput"
  v-on:blur="handleBlur"
>
```

4.form-itemミックスインの持ってるプロパティの値を反映する

　form-itemミックスインは、次のようにいくつかのdataやpcomputedを持っています。
・showError
　―エラーが表示される条件がそろった場合trueになる
・messages
　―バリデーションされた結果表示されるべきメッセージの配列
・value
　―親から渡されたvalue
・id
　―親から渡されたid属性の値
・nameAttr
　―親から渡されたname属性の値、またはid属性の値
　―nameの指定を毎回行うのは面倒なためname属性が存在しない場合はid属性が入る

主にこれらを使い、エラー時の表示を考慮したコンポーネントを作っていきます。

　この他にも内部的に様々な状態のプロパティを持っています。基本的には先程列挙したプロパティのみ使えば、コンポーネントは作れます。ただ場合によっては他の状態のプロパティが

必要な場面が出てくるかもしれません。他のプロパティはform-inputミックスインの実装編で後述しますのでそちらをご覧ください。

《tips》コンポーネントにおけるv-modelのtips

inputをラップしたコンポーネントを作る場合、親コンポーネントで次のようにv-modelを使いたくなると思います。

```
<form-input v-model="value">
```

この場合、FormInputコンポーネントで、inputイベントのハンドリングとemitを使うことでv-modelが期待した動作になります。ドキュメント（ https://vuejs.org/v2/guide/components.html#Using-v-model-on-Components ）にもあるのですが、v-modelは次の糖衣構文です。

```
<input
  v-bind:value="value"
  v-on:input="value = $event.target.value"
>
```

valueをバインドし、inputイベントでvalueを更新しています。そのため、同じような動きをするようにコードを書くことで自作したコンポーネントでもv-modelが使えるようになります。自作するコンポーネントでv-modelを使えるようにするためには次のことが必要です。

・propsにvalueを用意する

・inputタグにv-on:inputを追加し、ハンドラーのメソッドでinputイベントをemitする

今回このふたつのコードはform-itemミックスインに記述されています。その部分だけを抜粋します。

```
export const formItemMixin = {
  props: {
    value: {
      type: String,
      required: true,
    },
  },
  methods: {
    handleInput(evt) {
      const value = evt.target.value;
      this.$emit('input', value);
    },
  },
```

```
}
```

　このように、ミックスインを追加するだけで追加されたコンポーネントがv-modelに対応します。そのためhandleInputというコンポーネントに存在しないハンドラーのメソッドをv-on:inputに追加する必要がありました。

2.8　ライブラリーを使ってフォームを作る

　ここから実際にお問い合わせフォームを作っていきます。ただ紙面都合上全ての項目を書いていくとコードだけでかなりのページを埋めてしまいます。そのため他の項目のXxxFormItemに関してはサンプルのリポジトリ（https://github.com/mya-ake/vue-tips-samples/tree/master/form/src/forms/items）をご覧ください。

　まずは必要なコンポーネント（selectとtextarea）をそろえます。その後フォーム全体を持ったコンポーネントを作っていきます。

textareaのコンポーネント

　textareaタグのコンポーネントであるFormTextareaコンポーネントを作っていきます。次のコードがコンポーネントのコードになります。

```
<template>
  <div>
    <label v-bind:for="id">{{ label }}</label>
    <textarea
      v-model="model"
      v-bind:id="id"
      v-bind:name="nameAttr"
      v-bind="$attrs"
      v-bind:class="{
        'has-error': showError
      }"
      v-on:input="handleInput"
      v-on:blur="handleBlur"
    />
    <ul
      v-show="showError"
    >
      <li
        v-for="(message, index) in messages"
        v-bind:key="`${id}-${index}`"
      >{{ message }}</li>
```

```
      </ul>
    </div>
</template>

<script>
import { formItemMixin } from '@/mixins';

export default {
  mixins: [formItemMixin],
  inheritAttrs: false,
  computed: {
    model: {
      get() {
        return this.value;
      },
      set() {},
    },
  },
};
</script>
```

　ほぼFormInputと同じですが、v-modelを使って双方向バインディングしている点が異なります。これはtextareaタグとVue.jsにおける制約です。ドキュメント（ https://vuejs.org/v2/guide/forms.html#Multiline-text ）にも記載されていますが、<textarea>{{ value }}</textarea>という書き方はできません。またtextareタグはvalue属性も持ちません。そのためtextareaタグに値を反映するにはv-modelを使う必要があります。

　v-modelに直接propsの値（value）を指定すると、親の値を子が変更することになってしまい、エラーとしてログで警告されます。そのためFormTextareaコンポーネント内でv-model用の変数を作り、textareaタグのv-modelに設定しています。変数にはcomputedを使用しています。computedを使う理由はgetterとsetterを設定することができるためです。

　v-modelは双方向バインディングのため、設定する値は参照でき更新できる必要があります。ただし、FormTextareaコンポーネントは親から値を受け取りそれを表示し、更新はhandleInputメソッドを通じて親で行われます。つまりFormTextarea自身でv-modelの値を更新する必要はありません。そこでcomputedのgetter（参照）とsetter（更新）が役立ちます。

　computedのgetterとsetterは先程のコンポーネントのコードのようにgetメソッドとsetメソッドを自由に記述できます。今回は参照だけ行いたいのでgetterでpropsのvalueを参照し、setterではなにもしていません。こうすることでv-modelを使いつつ親の値を参照し続けることができます。

《tips》v-modelにdataを使った場合のtips

modelという変数がdataで定義されていた場合は次のようになります。

```
export default {
  data() {
    return {
      model: this.value,
    };
  },
};
```

一応これでも動作しているように見えますが問題があります。もし親でvalueを更新するような処理があったとしても、textareaには反映されないのです。

なぜtextareaに反映されないのでしょうか。それはmodelが作成された時点でしか親のvalueを参照していないためです。そのため、親で更新した値（value）がmodelに反映されることはなく、親のvalueとFormTextareaコンポーネントのmodelで齟齬が起きてしまいます。

selectのコンポーネント

selectタグのコンポーネントであるFormSelectコンポーネントを作ります。次のコードがコンポーネントのコードになります。

```
<template>
  <div>
    <label v-bind:for="id">{{ label }}</label>
    <select
      v-model="model"
      v-bind:id="id"
      v-bind:name="nameAttr"
      v-bind="$attrs"
      v-bind:class="{
        'has-error': showError
      }"
      v-on:input="handleInput"
      v-on:blur="handleBlur"
    >
      <option value="">選択してください</option>
      <option
        v-for="(option, index) in formItem.options"
        v-bind:key="`option-${index}`"
        v-bind:value="option.value"
      >{{ option.text }}</option>
```

```
    </select>
    <ul v-show="showError">
      <li
        v-for="(message, index) in messages"
        v-bind:key="`message-${index}`"
      >{{ message }}</li>
    </ul>
  </div>
</template>

<script>
import { formItemMixin } from '@/mixins';
import { BaseSelectFormItem } from '@/forms/items';

export default {
  mixins: [formItemMixin],
  inheritAttrs: false,

  props: {
    formItem: {
      type: BaseSelectFormItem,
      required: true,
    },
  },

  computed: {
    model: {
      get() {
        return this.value;
      },
      set() {},
    },
  },
};
</script>
```

　selectタグのコンポーネントもtextareaコンポーネント同様にv-modelを使用する必要があります。そのためcomputedを使いpropsのvalueを参照しています。

　新しい要素は、propsのformItemにBaseSelectFormItemを設定しているところです。formItem props自体はform-itemミックスインが持っています。次の節の「フォームを作る」で紹介しますが、formItem propsにはXxxFormItemのインスタンスを渡すようになってい

ます。selectタグはoptionタグを子に持ち、optionに表示されるtextと値として設定されるvalueを設定する必要があります。これをコンポーネント側でいちいち設定すると手間なため、XxxFormItemの中に持たせるようにします。これにより使いまわすことも容易になります。そこでBaseSelectFormItem.jsを新たに作り、optionsというプロパティを持たせるようにします。BaseSelectFormItemクラスは次のようになります。BaseFormItemを継承しており、大きな変化はありませんが、optionsプロパティが増えたのとvalidメソッドが追加されました。

```
import { BaseFormItem } from './BaseFormItem';

export class BaseSelectFormItem extends BaseFormItem {
  constructor(value = '') {
    super(value);
    this.options = [];
  }

  valid(value) {
    return this.options.some(option => value === option.value);
  }
}
```

　optionsプロパティを持たせることで、BaseSelectFormItemクラスを継承しているクラスであればoptionsプロパティを持っていることが保証されます。そのためFormSelectコンポーネントでは、formItem propsのtypeにBaseSelectFormItemを指定することで、optionsの配列を受け取ることができます。

　validメソッドは、optionsプロパティの中に値が存在するかどうかをチェックしてくれるメソッドです。XxxFormItemのクラスのバリデーションで使うことを想定しています。

　実際に今回のお問い合わせフォームではお問い合わせカテゴリに使っています。ここだけ使い方が異なるので、使い方のコードのサンプルとしてCategoryFormItemクラスを抜粋します。

```
import { BaseSelectFormItem } from '@/lib';

export class CategoryFormItem extends BaseSelectFormItem {
  constructor(value = '') {
    super(value);
    this.options = [
      {
        text: 'サービスについて',
        value: 'サービスについて',
      },
      {
```

```
        text: '採用について',
        value: '採用について',
      },
      {
        text: 'その他（タイトルにご記入ください）',
        value: 'その他（タイトルにご記入ください）',
      },
    ];

    this._addValidators();
  }

  _addValidators() {
    this.addValidator({
      message: '選択が必須の項目です',
      validator: this._hasValue,
      stop: true,
    });

    this.addValidator({
      message: '不正な操作が行われました',
      validator: this.valid,
    });
  }

  _hasValue(value) {
    return String(value).length > 0;
  }
}
```

《tips》optionsをより堅くするためのtips

　今回はoptionsの値はそのままoptionsプロパティに代入していますが、より堅く作ることもできます。次のようなaddOptionメソッドを追加し、そのメソッドを通してしか更新しないようにすれば、optionsプロパティの要素のobjcetはtextプロパティとvalueプロパティを持ってることが保証できます。

```
export class BaseSelectFormItem extends BaseFormItem {
  constructor(value = '') {
    super(value);
    this.options = [];
```

```
  }

  addOption({ text, value } = {}) {
    if (typeof text !== 'string') {
      throw new Error('textプロパティは文字列である必要があります。');
    }
    if (typeof value !== 'string') {
      throw new Error('valueプロパティが文字列である必要があります。');
    }

    this.options.push({ text, value });
  }
}
```

フォームを作る

　項目のコンポーネントやフォームで使うためのクラスがそろったので、実際にお問い合わせフォームを作ります。フォームのページのコンポーネントは次のようになります。

```
<template>
  <div>
    <h1>お問い合わせ</h1>

    <form v-on:submit.prevent="handleSubmit">
      <form-input
        id="name"
        v-model.trim="form.items.name.value"
        v-bind:formItem="form.items.name"
        label="お名前/所属（必須）"
      />
      <form-input
        id="email"
        v-model.trim="form.items.email.value"
        v-bind:formItem="form.items.email"
        label="メールアドレス（必須）"
        type="email"
      />
      <form-select
        id="category"
        v-model="form.items.category.value"
        v-bind:formItem="form.items.category"
```

```
      label="カテゴリ (必須) "
    />
    <form-input
      id="title"
      v-model.trim="form.items.title.value"
      v-bind:formItem="form.items.title"
      label="タイトル"
    />
    <form-textarea
      id="body"
      v-model.trim="form.items.body.value"
      v-bind:formItem="form.items.body"
      label="お問い合わせ内容 (必須) "
    />
    <button
      v-bind:disabled="form.invalid"
      type="submit"
    >確認画面へ</button>
    </form>
  </div>
</template>

<script>
import { FormInput, FormSelect, FormTextarea } from
'@/components';
import { ContactForm } from '@/forms';

export default {
  components: {
    FormInput,
    FormSelect,
    FormTextarea,
  },

  data() {
    const form = new ContactForm();
    return {
      form,
    };
  },

  methods: {
```

```
    handleSubmit() {
      console.log(this.form.values());
    },
  },
};
</script>
```

※確認画面に遷移する処理は書いていません。submitされたときにはフォームの値をログに出力するようにしています。

主に次の処理を行っています。

・dataでContactFormのインスタンス生成
・FormInputなどのForm系コンポーネントとXxxFormItemの結びつけ
・FormInputなどのForm系コンポーネントにv-modelで値の結びつけ
・フォームにエラーがある場合はsubmitできないように
　――ContactFormのインスタンスのinvalidプロパティを参照して、buttonタグにdisabled属性の付与

特筆する点はコンポーネントとXxxFormItemとの結びつけとinvalidプロパティを使った制御になります。それぞれ見ていきます。

コンポーネントとXxxFormItemとの結びつけ

これは次のふたつです。

・FormInputなどのForm系コンポーネントとXxxFormItemの結びつけ
・FormInputなどのForm系コンポーネントにv-modelで値の結びつけ

FormInput、FormTextareaなどのv-modelとv-bind:formItemです。どちらも`form.items.xxx`と共通しているように見えますが、v-modelでは値の更新、v-bind:formItemでXxxFormItemのインスタンスをコンポーネントに渡しています。それぞれ役割が違うため、似たようなものがふたつ存在しています。これらはひとつにまとめることもできたのですが、v-modelというVue.jsのディレクティブを使ったほうがわかりやすいため、重複した書き方をしています。

invalidプロパティを使った制御

form.invalidは、フォーム全体でエラーがある場合はtrueになります。この値はBaseFormクラスが自動で更新しているので、v-ifやv-bindで参照すれば、値に合わせて挙動を制御することができます。

また次のようにsubmitの処理などでも参照できるので、より堅くしたい場合は利用するとよいかもしれません（今回は全体のエラーを表示する場所を用意していないので記述していません）。

```
{
  handleSubmit() {
    if (this.form.invalid) {
      // なにかエラー時の処理
      return;
    }
    console.log(this.form.values());
  },
}
```

項目間のバリデーション

　今回の要件にタイトルは**お問い合わせカテゴリで「その他」を選択した場合は必須**というものがあります。ここではこの要件を実装していきます。次のコードはContactFormにタイトルのバリデーションを追加しているものになります。

```
export class ContactForm extends BaseForm {
  constructor({
    name = '',
    email = '',
    category = '',
    title = '',
    body = '',
  } = {}) {
    super();
    this.addItem('name', new NameFormItem(name));
    this.addItem('email', new EmailFormItem(email));
    this.addItem('category', new CategoryFormItem(category));
    this.addItem('title', new TitleFormItem(title));
    this.addItem('body', new BodyFormItem(body));

    this._addRelationshipValidator();
  }

  _addRelationshipValidator() {
    this._addTitleValidatorByCategoryOther();
  }

  _addTitleValidatorByCategoryOther() {
    // エラー時のメッセージを定義
    const message = 'カテゴリ「その他」を選択された方はご入力ください';
```

```
    // オプションの一番下（その他）の値を取得
    const categoryOtherValue = this.items.category.options[
      this.items.category.options.length - 1
    ].value;

    // カテゴリの値を監視するオブザーバーを追加
    this.items.category.addValueObserver(value => {
      if (value === categoryOtherValue) {
        // 値がその他の場合はタイトルに必須のバリデーションを追加
        this.items.title.addValidator({
          message,
          validator: this._hasValue,
        });
        // 追加後にバリデーションを実行して状態をチェック
        this.items.title.validate();
      } else {
        // 値がその他意外の場合はタイトルのバリデーションから必須のバリデーションを削除
        this.items.title.removeValidator({ message });
      }
    });
  }

  _hasValue(value) {
    return String(value).length > 0;
  }
```

　バリデーションの処理を記述している箇所は、_addTitleValidatorByCategoryOtherメソッドになります。このメソッドではカテゴリの値を監視し、その他の場合にタイトルにバリデーションを追加するようなコードを書いています。

　ここではBaseFormItemについて、次の3つのメソッドを利用してバリデーションを実装しています。

- addValueObserver
- addValidator
- removeValidator
- validate

addValidatorは、XxxFormItemのクラスを作るときに紹介したメソッドと同じです。またremoveValidatorは、addValidatorしたバリデーションを消すことができるメソッドです。引数にエラー時のメッセージを指定することで、該当のバリデーションを削除することができます。
addValueObserverメソッドはその項目の値が変更されたときに、呼び出されるメソッドを

登録することができるメソッドです（内部的な実装については次の章で解説します）。このメソッドを使い、カテゴリが変更されたときにカテゴリの値を見て、タイトルにバリデーションを追加することで項目間のバリデーションを実装しています。

validateメソッドは、登録されているバリデーションを実行することができるメソッドになっています。

2.9　ページ間のデータの受け渡し

ページ間のデータの受け渡しにはVuexを使います。Vuexを使うならFluxアーキテクチャに寄せるのか、という話になるかと思います。しかし今回のフォームでは全てをFluxアーキテクチャにするということは行いません。なぜなら、圧倒的にコードの量が増えてしまうからです。筆者は全てをVuexのアーキテクチャ（Fluxアーキテクチャ）に載せる必要はないという考えでVue.jsのアプリケーションを作っています。その理由につきましてはこの書籍のVuexに関する章でも解説しているのでそちらをご覧ください。

Vuexストアを作り確認画面へデータを受け渡す

今回のお問い合わせフォームにおいてVuexストアは入力フォームの画面から確認画面へのデータの受け渡しにしか使いません。そのためとてもシンプルなストアになります。次のコードはストアのコードです。

※説明のために下記のような単純なコードになっています。リポジトリのコードはtypeなどは定数化しています。

```javascript
export default new Vuex.Store({
  state: {
    // フォーム全体を1つのobjectで持つ
    // データを持っていないということを
    // 明確にするために空のときはnullとしている
    values: null
  },
  getters: {
    values(state) {
      if (state.values === null) {
        // nullのときは{}を返して
        // ContactFormのデフォルト値が入るようにする
        return {};
      }
      return state.values;
    }
```

```
    isEmpty(state) {
      return state.values === null;
    },
  },
  mutations: {
    setValues(state, values) {
      state.values = values;
    },
    clearValues(state) {
      state.values = null;
    }
  }
});
```

これを次のようにフォームのコンポーネントで利用します。

```
<template>
  <!-- 略 -->
</template>

<script>
// importは省略
export default {
  data() {
    const storeValues = this.$store.getters.values;
    const form = new ContactForm(storeValues);
    return {
      form,
    };
  },
  methods: {
    handleSubmit() {
      // Vuexストアに保存
      this.$store.commit('setValues', this.form.values());
    },
  },
};
</script>
```

次に確認画面です。

```vue
<template>
  <div>
    <h1>Confirm</h1>
    <div>
      <p>お名前</p>
      <p>{{ values.name }}</p>
      <p>メールアドレス</p>
      <p>{{ values.email }}</p>
      <p>カテゴリ</p>
      <p>{{ values.category }}</p>
      <p>タイトル</p>
      <p>{{ values.title }}</p>
      <p>お問い合わせ内容</p>
      <p>{{ values.body }}</p>
    </div>
    <div>
      <button
        v-on:click="handleClickSubmit"
      >送信する</button>
      <router-link to="/form">戻る</router-link>
    </div>
  </div>
</template>

<script>
import { ContactForm } from '@/forms';
import store from '@/store';

export default {
  // ストアにフォームの値が存在しないときはフォーム画面に戻す
  beforeRouteEnter(to, from, next) {
    if (store.getters.isEmpty) {
      next('/form');
    }
    next();
  },

  computed: {
    values() {
      return this.$store.getters.values;
    },
  },
```

```
  methods: {
    async handleClickSubmit() {
      const form = new ContactForm(this.values);
      const requestBody = form.buildRequestBody();
      console.log(requestBody);   // 送信する値の確認
      this.$store.commit('clearValues');  // ストアを空にする
      this.$router.push('/complete'); // 完了画面へ
    },
  },
};
</script>
```

Vuexに関しては特に変わったことはしていないと思うので、この部分についての解説は省略します。コード中のコメントをご確認ください。

馴染みがない点として、beforeRouteEnterとその中で利用しているstoreがありますので、これについて解説します。

beforeRouteEnter

beforeRouteEnterはvue-routerを使うと追加されるプロパティで、ナビゲーションガードと言われているものです。その名の通り、そのページにナビゲーションされることを止めたり、別のページに遷移させたりすることができます。

beforeRouteEnterの第三引数に渡されるnext関数を使い、通常の遷移を行うか別のページに遷移させるかを操作することができます。注意点としては、next関数を必ず呼ぶ必要があるという点です。next関数を呼ばないと、遷移が完全に停止してしまうので注意しましょう。

今回はストアの値を確認して空だった場合、フォーム画面に遷移するようにしています。こうすることで空の確認画面が表示されるのを防げます。

beforeRouteEnterの中のstore

このstoreの値は、Vuexストアのインスタンスを直接importして使っています。Vueのルートインスタンスを作るときに追加しているstoreと同じです。このstoreはthisに追加されている$storeと同じなので、gettersやdispatchなども使えます。thisが使えないところではこうすることでVuexのストアにアクセスできるので、覚えておくとよいでしょう。

確認画面から戻ったときのバリデーション

ここまでのコードでは、確認画面から戻った場合にはContactFormのinvalidプロパティがtrueの状態になっています。そのため入力されている値が問題なくても、確認画面に行くボタ

ンが押せません。

そこで、戻ってきたときにもバリデーションを実行させてエラーがないということをContactFormに知らせる必要があります。

バリデーションは、XxxFormItemのvalidateメソッドを使うことで実行できます。このvalidateメソッドをContactFormのconstructorのaddItemしているときに一緒に実行させます。BaseFormItemのメソッドはメソッドチェーンできるようになっているため、newしているときに一緒に実行させてしまえばよいです。

最初のバリデーションを実行するようにしたContactFormのconstructorは次のようになります。

```js
// importは省略
export class ContactForm extends BaseForm {
  constructor({
    name = '',
    email = '',
    category = '',
    title = '',
    body = '',
  } = {}) {
    super();
    this.addItem('name', new NameFormItem(name).validate());
    this.addItem('email', new EmailFormItem(email).validate());
    this.addItem('category', new CategoryFormItem(category).validate());
    this.addItem('title', new TitleFormItem(title).validate());
    this.addItem('body', new BodyFormItem(body).validate());

    this._addRelationshipValidator();
  }
```

このようにすることで最初のバリデーションが実行され、初期値に合わせたバリデーションが実行されます。ただしこれを行うと、入力が必須な項目だった場合は最初からエラーのメッセージが表示されてしまいます。この問題を解消するために、ユーザーの入力がされてからエラーメッセージの表示を行うように制御します。

実は、これに関連して「ユーザーの入力が完了してからエラーメッセージを表示する」という要件を達成できていません。この要件を満たすための機能は、form-itemミックスインに実装されています。機能の説明は実装と共に解説した方がスムーズなので、次の章の実装編で解説したいと思います。

2.10 まとめ

　本章では作成したライブラリーを使ったフォームを作り、必要な機能の解説を行いました。

　冒頭にも書きましたがフォームは難しいです。その難しいフォームのコードを可能な限り使い回せるように、コンポーネントに依存せずJavaScriptのクラスやミックスインとしてコードを作成することを心がけました。次の章では、ここまで使ってきたBaseFormクラスやBaseFormItemクラス、form-itemミックスインの中身を解説していこうと思います。

第3章 フォームのライブラリー実装編

　本章では前の章で使った基礎クラスのBaseFormクラス、BaseFormItemクラス、基礎ミックスインのform-itemミックスインの中身を解説します。また、フォームのテストの解説も行います。

　まずは基礎クラスから解説し、次に基礎ミックスイン、最後にテストについて解説します。

3.1 BaseFormItemクラス

　中心となるBaseFormItemクラスから解説します。BaseFormItemクラスは、フォームの各項目をクラスとして扱うための基礎クラスになります。前の章で使ってきたaddValidatorメソッドなどのバリデーションを行うメソッドなどを持っています。

　まずはパブリックのプロパティやメソッドを列挙します。

パブリックプロパティ

- value
  - ―項目の値
- messages
  - ―エラーメッセージの配列
- invalid
  - ―エラーが存在するかどうかのBool値
  - ―trueならこの項目はエラーが存在
- states
  - ―エラー以外の状態を管理するためのObject
  - ―今のところdirty（値が初期値から変更されたか）だけ存在

パブリックメソッド

- addValidator
  - ―バリデーションのメッセージやメソッドを追加するメソッド
- removeValidator
  - ―登録されているバリデーションメソッドを削除するメソッド
- validate
  - ―バリデーションを実行するメソッド

- addMessage
    ―エラーメッセージを追加するメソッド
- removeMessage
    ―エラーメッセージから指定したメッセージを削除するメソッド
- addValueObserver
    ―値が更新されたときに呼び出されるメソッドを登録できるメソッド
- addInvalidObserver
    ―invalidの値が更新されたときに呼び出されるメソッドを登録できるメソッド
- resetStates
    ―statesプロパティの状態をリセットするメソッド

それぞれの詳細の前に、このクラスの概要を説明します。

BaseFormItemクラスの概要

BaseFormItemクラスは、フォームの項目のバリデーションや状態を管理するためのクラスです。具体的には次のことを行っています。

- 値の変更を検知してバリデーションを実行
- バリデーションの結果を受けてメッセージを更新
- 項目自体がエラーであるかの状態を保持
- エラーの状態が変化したときのObserverの受付
- 値が更新されたときのObserverの受付
- dirtyなどのDOMのイベントを伴わない状態の保持

これらを行うために、Observerパターンに近い設計方針を採っています（Observerパターンというのはデザインパターンの一種です）。Observerパターンを簡単に説明すると、なにかが起きたということを観察者（Observer）に通知するというものです。今回は、値の変更というイベントが発生すると、登録されているObserverメソッドを呼び出すという部分に適用されてます。

まずは、一番重要な値の変更がされたらバリデーションを実行する、という部分の解説です。

値の変更を検知してバリデーションを実行

値の変更をトリガーにしてvalidateメソッドを実行する

次のコードは呼び出されたというログを出力するvalidateメソッドを用意し、valueプロパティが変更されたらvalidateメソッドを呼び出されるものです。

```
class BaseFormItem {
  constructor(value = '') {
    this._value = value;
```

```
      this._createObserver();
      return this;
    }

    validate() {
      console.log('called!!')
      return this;
    }

    _createObserver() {
      Object.defineProperty(this, 'value', {
        get() {
          return this._value;
        },
        set(value) {
          this._value = value;
          this.validate();
        },
      });
    }
  }
  const formItem = new BaseFormItem();
  formItem.value = 'test';    // called!! という文字がログに出力される
```

　このように特定のプロパティの更新をトリガーとして、任意の処理をすることができる**Object.defineProperty**というObjectのメソッドが存在します。

　Object.definePropertyは、データディスクリプタとアクセサディスクリプタという2種類の使い方ができますが、今回はアクセサディスタプリタを使っています。ちなみにデータディスクリプタは上書きや削除できないプロパティを作るときなどに使います。今回は使わないので興味のある方はMDN（https://developer.mozilla.org/ja/docs/Web/JavaScript/Reference/Global_Objects/Object/defineProperty）をご覧ください。また補足ですが、Vue.jsのリアクティブの機能を実現するためにもこのObject.definePropertyが使われています。

　アクセサディスタプリタを使う場合は、Vue.jsのcomputedのgetter・setterと同じようにget()とset()を持ったObjectを作ります。Object.definePropertyの第一引数には追加されるObject（今回はBaseFormItemクラスに追加したいのでthis）、第二引数にはプロパティ名、第三引数にはgetter・setterを持ったObjectを記述します。これによりvalueプロパティの参照と更新はこのgetter・setterを通して行われるようになります。そのためvalueプロパティに値を代入しただけでvalidateメソッドを呼び出すことができます。

注意点としてはvalueプロパティ自体で値の保持はできないため、値を保持するための変数を別途用意する必要があります。そのためsetterでthis._value = valueというように値を_valueプロパティに代入しています。もしthis.value = valueとしてしまうと、setterが呼び出され続けて無限ループに入ってしまうので気を付けましょう。

バリデーションするメソッドを登録できるようにする

validateメソッドが実行できるようになったので、バリデーションするためのメソッドを登録できるようにします。ここからはconstructor＋差分のみのコードを掲載します。

```js
class BaseFormItem {
  constructor(value = '') {
    this._value = value;
    this._validators = [];  // 追加

    this._createObserver();
    return this;
  }

  // 追加
  addValidator({ validator, message, stop = false }) {
    this._validators.push({
      validator,
      message,
      stop,
    });
    return this;
  }

  // 更新
  validate() {
    for (const { validator, message, stop } of this._validators) {
      if (validator.call(this, this.value)) {
        console.log('エラーなし');
        continue;
      }
      console.log('エラーあり');
      if (stop === true) {
        break;
      }
    }
    return this;
  }
```

}

　addValidatorメソッドを追加し、validateメソッドを更新しました。addValidatorメソッドではバリデーターとメッセージの組み合わせを_validatorsプロパティに追加しています。validateメソッドでは_validatorsプロパティをループしてひとつずつ実行していきます。for-ofを使っているのは、

・配列の要素のobjectを分割代入させたい

・stopがtrueのときはループを止めたい

という理由からです。

　またfor内でvalidatorを呼び出すときに`validator.call(this, this.value)`という書き方をしています。callはfuntionのメソッドであり、実行時のthisを第一引数に指定して関数を実行することができます（第二引数以降はそのままvalidatorメソッドの引数となる）。今回はvalidatorメソッド内のthisをそのクラス自身としたいので、callを使って呼び出しています。thisをそのクラス自身とする理由はBaseSelectFormItemのvalidメソッドのように基礎クラスであらかじめ定義しているメソッドを呼び出せるようにするためです。

バリデーションの結果を受けてメッセージを更新

　次にバリデーションが実行できるようなったので、エラーメッセージを参照できるようにします。

```js
class BaseFormItem {
  constructor(value = '') {
    this._value = value;
    this._messages = [];   // 追加
    this._validators = [];

    this._createObserver();
    return this;
  }

  // 追加
  get messages() {
    return this._messages;
  }

  // 追加
  addMessage(message) {
    if (this._messages.includes(message) === false) {
      // _message中に存在しなければ追加
```

```
      this._messages.push(message);
    }
    return this;
  }

  // 追加
  removeMessage(message) {
    // _message中の対象メッセージのindexを取得
    // findIndexは見つかればそのindexを
    // 見つからなければ-1を返すArrayのメソッド
    const index = this._messages.findIndex(_message => {
      return message === _message;
    });
    if (index !== -1) {
      // 見つかればspliceを使ってそのメッセージを取り除く
      this._messages.splice(index, 1);
    }
    return this;
  }

  // 更新
  validate() {
    for (const { validator, message, stop } of this._validators) {
      if (validator.call(this, this.value)) {
        this.removeMessage(message);   // 更新
        continue;
      }
      this.addMessage(message); // 更新
      if (stop === true) {
        break;
      }
    }
    return this;
  }
}
```

　messageのgetter、addMessageメソッド、removeMessageメソッドを追加し、validateメソッドのログ出力していたところをaddMessageメソッド、removeMessageメソッドに置き換えました。

　messageをなぜgetterで定義しているかというと、外から変更できないようにするためです。getterだけを定義していると次のようにしてもmessageプロパティに値を入れてもmessageプ

ロパティは更新されません。

```
const baseFormItem = new BaseFormItem();
baseFormItem.message = ['新しいメッセージ'];
```

そのためgetterは参照だけしてほしいプロパティに使うとよいでしょう。ちなみに逆に更新だけできるようにするsetも存在します。興味のある方はMDN（https://developer.mozilla.org/ja/docs/JavaScript/Reference/Operators/set）をご覧ください。

ちなみにgetterには注意点があります。それはgetterのメソッドは参照されるたびに実行されるということです。Vue.jsのcomputedのように値をキャッシュしてくれないので、getterで重い処理をする場合は注意が必要です。

項目自体がエラーであるかの状態を保持

次に項目がエラーなのかどうかの状態を参照できるプロパティを作ります。具体的にエラーかどうかを判定するには_messageにメッセージが格納されているかどうかで判断できます。

```
class BaseFormItem {
  constructor(value = '') {
    this._value = value;
    this._messages = [];
    this._validators = [];
    this._invalid = false;  // 追加

    this._createObserver();
    return this;
  }

  // 追加
  get invalid() {
    return this._invalid;
  }

  // 更新
  addMessage(message) {
    if (this._messages.includes(message) === false) {
      this._messages.push(message);
    }
    this._updateInvalid();   // 追加
    return this;
  }
```

```
  // 更新
  removeMessage(message) {
    const index = this._messages.findIndex(_message => {
      return message === _message;
    });
    if (index !== -1) {
      this._messages.splice(index, 1);
    }
    this._updateInvalid();  // 追加
    return this;
  }

  // 追加
  _updateInvalid() {
    const invalid = this.messages.length > 0;
    if (invalid === this._invalid) {
      return;
    }
    this._invalid = invalid;
  }
}
```

invalidのgetter、_updateInvalidメソッドが追加しました。そしてaddMessageメソッド、removeMessageメソッドで_updateInvalidメソッドを呼び出すように更新しました。

　ここで疑問に思う方もいらっしゃるかもしれません。invalidのgetterはreturn this.messages.length > 0;でよいのではないかと。_invalidを更新するだけの_updateInvalidメソッドは不要なのではないかと。確かに今のところはこの_updateInvalidメソッドは不要です。

　このようにわざわざ更新用のメソッドを用意しているのには理由があります。その理由は次の節で説明する、エラーの状態が変化したときに任意の処理を加えられるようにするためです。

エラーの状態が変化したときのObserverの受付

　エラーの状態が変化したときのObserverを登録できるようにします。なぜObserverを登録するようにするかというと親となるBaseFormクラスでエラーの状態を監視するためです。

```
class BaseFormItem {
  constructor(value = '') {
    this._value = value;
    this._messages = [];
    this._validators = [];
```

```
    this._invalidObservers = [];  // 追加
    this._invalid = false;

    this._createObserver();
    return this;
  }

  // 追加
  addInvalidObserver(observer) {
    this._invalidObservers.push(invalid => {
      observer.call(null, invalid);
    });
    return this;
  }

  // 更新
  _updateInvalid() {
    const invalid = this.messages.length > 0;
    if (invalid === this._invalid) {
      return;
    }
    this._invalid = invalid;
    this._notifyInvalidObservers(invalid);  // 追加
  }

  // 追加
  _notifyInvalidObservers(invalid) {
    this._invalidObservers.forEach(observer => {
      observer(invalid);
    });
  }
}
```

　addInvalidObserverメソッド、_notifyInvalidObserversメソッドを追加し、_updateInvalidメソッドを更新しました。

　addInvalidObserverメソッドで変更があったときに呼び出したいObserverのメソッドを追加します。ここでもcallメソッドを使っていますが、このObserverではthisを参照する必要はないので、Observer内のthisをnullにしています。_notifyInvalidObserversメソッドは追加さんれたされたメソッドを呼び出すメソッドです。この呼び出すメソッドを前節の_updateInvalidメソッドで呼び出しています。_updateInvalidメソッドではinvalidの値が変わったかどうかの判定をしているので、変わったときのみ_notifyInvalidObserversメソッドを呼び出すことが

できます。

値が更新されたときのObserverの受付

　invalid同様に値が更新されたときのObserverも追加します。これは前の章で、カテゴリの値が変わったときにタイトルのバリデーションを追加する際に利用したObserverです。

```
class BaseFormItem {
  constructor(value = '') {
    this._value = value;
    this._messages = [];
    this._validators = [];
    this._valueObservers = [];   // 追加
    this._invalidObservers = [];
    this._invalid = false;

    this._createObserver();
    return this;
  }

  // 追加
  addValueObserver(observer) {
    this._valueObservers.push(value => {
      observer.call(this, value);
    });
    return this;
  }

  // 追加
  _notifyValueObserver(value) {
    this._valueObservers.forEach(observer => {
      observer(value);
    });
  }

  // 更新
  _createObserver() {
    Object.defineProperty(this, 'value', {
      get() {
        return this._value;
      },
      set(value) {
        this._value = value;
```

```
        this.validate();
        this._notifyValueObserver(value); // 追加
      },
    });
  }
}
```

addValueObserverメソッド、_notifyValueObserverメソッドを追加し、_createObserverメソッドを更新しました。

Observerの登録や実行の処理は、invalidObserverのときと同様です。addValueObserverメソッドのcallでthisを指定している点が異なります。thisを指定している理由は、Observer内でaddMessageメソッドなどを呼べるようにするためです。

_notifyValueObserverメソッドはvalueプロパティが更新されたときに実行されるようにしておきます。

dirtyなどのDOMのイベントを伴わない状態の保持

これはform-itemミックスインに繋がるものになります。

dirtyというのは、項目の値が最初から変化したかどうかを表す状態です。このdirtyの状態を利用することで、ユーザーの入力前からエラー表示されてしまっているという状態を防ぐことができます。元々はform-itemミックスインの中にいたのですが、バリデーションの処理を書く際に必要なケースがあり、それを実現するためにBaseFormItemクラスで持つようになりました。

```
class BaseFormItem {
  constructor(value = '') {
    this._value = value;
    this._messages = [];
    this._validators = [];
    this._valueObservers = [];
    this._invalidObservers = [];
    this._invalid = false;
    this._states = {};   // 追加

    this._createInitialState();   // 追加
    this._createObserver();
    return this;
  }

  // 追加
  get states() {
```

```
    return this._states;
  }

  // 追加
  resetStates() {
    this._createInitialState();
    return this;
  }

  // 追加
  _createInitialState() {
    this._states = {
      dirty: false,
    };
  }

  // 更新
  _createObserver() {
    Object.defineProperty(this, 'value', {
      get() {
        return this._value;
      },
      set(value) {
        this._value = value;
        this.states.dirty = true; // 追加
        this.validate();
        this._notifyValueObserver(value);
      },
    });
  }
}
```

　statesのgetter、resetStatesメソッド、_createInitialStateメソッドを追加し、_createObserverメソッドを更新しました。Objectを追加し、その値を更新しているだけなのであまり解説はありません。resetStatesメソッドは状態を外からリセットするためのメソッドです。form-itemミックスインから呼び出されます。

残りの追加

　removeValidatorメソッドの解説が残ったので最後に解説します。

```
class BaseFormItem {
```

```
  constructor(value = '') {
    this._value = value;
    this._messages = [];
    this._validators = [];
    this._valueObservers = [];
    this._invalidObservers = [];
    this._invalid = false;
    this._states = {
      dirty: false,
    };

    this._createObserver();
    return this;
  }

  // 追加
  removeValidator({ message }) {
    const index = this._validators.findIndex(validator => {
      return validator.message === message;
    });
    if (index === -1) {
      return;
    }
    this._validators.splice(index, 1);
    this.removeMessage(message);
    return this;
  }
}
```

removeValidatorメソッドの処理自体はremoveMessageの処理に似ています。配列の中から同じメッセージのものを見つけ出し、Arrayのspliceメソッドを使って削除するというものです。またバリデーターだけ削除するとメッセージが残ってしまうので、メッセージも一緒に削除するようにしています。

まとめ

BaseFormItemクラスについて解説しました。メソッド単位で解説したため全体のコードはこの書籍には載っていません。全体を確認したい方はGitHubのリポジトリ（ https://github.com/mya-ake/vue-tips-samples/blob/master/form/src/lib/BaseFormItem.js ）をご確認ください。
BaseFormItemクラスでは、Object.definePropertyやclassのgetterなど使いどころがありそうなJavaScriptの構文などを紹介しました。読者自身のプロジェクトでもご活用いただければ

幸いです。

3.2 BaseFormクラス

　BaseFormクラスは、フォーム全体をクラスとして扱うための基礎クラスです。前節のBaseFormItemクラスの親となるクラスでもあります。

　まずはパブリックのプロパティやメソッドを列挙します。フォームの各項目はitemと名付けています。

パブリックプロパティ

- items
    - 項目のObject
    - BaseFormItemを継承したインスタンスが入る
- invalid
    - エラーが存在するかどうかのBool値
    - trueならitemsにエラーの項目が存在

パブリックメソッド

- addItem
    - item（項目）を追加するメソッド
- addRelationshipValidator
    - 項目間に同じバリデーションを追加するためのメソッド
    - パスワードの確認など一致しなければならない項目で使うことを想定
- setValues
    - フォームの項目をまとめて更新可能なメソッド
- values
    - フォームの値をnameとvalueの組み合わせのObjectにしてくれるメソッド
- updateState
    - 各項目のエラーの状態を確認してinvalidを再更新するメソッド

それぞれを見ていく前にこのクラスの概要の説明します。

BaseFormクラスの概要

　このクラスはフォームの各項目のインスタンスとそれぞれのエラーの状態を監視し、フォームの状態を管理するためのクラスです。具体的には次のことを行っています。

- 項目の追加
- 項目のエラーの状態を監視

・値のObject化
・値の更新
・項目間のバリデーションの管理

エラーの状態を監視するためにBaseFormItemのaddInvalidObserverメソッドなどを利用しています。

まずは項目を追加するところから解説します。

項目の追加

項目の追加は次のようにaddItemメソッドを通して行います。

```
import { BaseFormItem } from './BaseFormItem';

class BaseForm {
  constructor() {
    this._items = {};
    return this;
  }

  get items() {
    return this._items;
  }

  addItem(name, item) {
    if (item instanceof BaseFormItem === false) {
      throw new Error(
        '[BaseForm] Item must be an instance of the extended BaseFormItem class',
      );
    }
    this._items[name] = item;
    return this;
  }
}
```

addItemメソッドを通して追加させることで、追加されるitemのチェックをすることができます。instanceofを使うと、対象のインスタンスがBaseFormItemのインスタンス（継承したクラスのインスタンスも可）であるかをチェックできます。

もしBaseFormItemクラスのインスタンスでなければ、throw new Error()でエラーメッセージを表示させています。

またitemsのgetterを用意することで、外からは参照のみ可能になっています。

項目のエラーの状態を監視

項目のエラーをチェックするメソッドの用意

　監視する前にチェックする関数を用意します。ここから差分のみコードを載せていきます。constructorはこれ以上変更されないので、以降では省略します。

```
class BaseForm {
  constructor() {
    this._items = {};
    this._invalid = false;
    return this;
  }

  // 追加
  get invalid() {
    return this._invalid;
  }

  // 追加
  updateState() {
    this._invalid = this._checkItemsInvalid();
    return this;
  }

  // 追加
  _updateState(invalid) {
    if (invalid === false) {
      this._invalid = this._checkItemsInvalid();
    } else {
      this._invalid = true;
    }
  }

  // 追加
  _checkItemsInvalid() {
    return Object.keys(this._items).some(name => {
      return this._items[name].invalid;
    });
  }
}
```

invalidのgetter、updateStateメソッド、_updateStateメソッド、_checkItemsInvalidメソッ

ドを追加しました。

　updateStateメソッドは、項目のエラーの状態を再チェックするためのメソッドです。その再チェック自体の処理は_checkItemsInvalidメソッドを使っています。

　_checkItemsInvalidメソッドは、_itemsプロパティをループさせてinvalidがtrue（エラーになっている）の項目を探し、見つかった場合はtrueを返します。

　_updateStateメソッドは、BaseFormItemクラスのaddInvalidObserverに登録するメソッドです。このメソッドでは、監視している項目がエラーでなくなったとき_checkItemsInvalidメソッドを呼び、全体を再チェックしています。項目がエラーの場合はエラーが存在することになるので、_checkItemsInvalidメソッドを使わずに_invalidをtrueにしています。

項目のエラーを監視するObserverの登録

　_updateStateメソッドを、BaseFormItemクラスのinvalidObserverに登録します。

```
class BaseForm {
  // 更新
  addItem(name, item) {
    if (item instanceof BaseFormItem === false) {
      throw new Error(
        '[BaseForm] Item must be an instance of the extended BaseFormItem class',
      );
    }
    this._items[name] = item;
    this._items[name].addInvalidObserver(invalid => { // 追加
      this._updateState(invalid);
    });
    this.updateState(); // 追加
    return this;
  }
}
```

　addItemメソッドを更新しています。itemの追加時にaddInvalidObserverメソッドを使い、Observerを登録します。そうすることで項目のinvalidが変化したときに、フォーム全体のinvalidプロパティを更新できるという流れになります。また、項目を追加したので初期状態でエラーになっていないかのチェックをするために、updateStateメソッドも呼んでいます。

値のObject化

　値をObjectとするためにvaluesメソッドを用意します。

```
class BaseForm {
```

```
// 追加
values() {
  return Object.entries(this._items).reduce((values, [name,
item]) => {
    values[name] = item.value;
    return values;
  }, {});
}
}
```

valuesメソッドでは_itemsプロパティをObject.entriesを使い配列化し、Array.reduceを使いひとつのObjectに束ねます。そうするとkeyにname、valueに項目の値が入った次のようなObjectが生成されます。

```
{
  name: '山田 太郎',
  email: 'test@example.com',
  category: 'サービスについて',
  title: '',
  body: 'お問い合わせ内容',
}
```

値の更新

値の更新するためにsetValuesメソッドを用意します。このメソッドはフォームの値のリセットなどで使うことを想定しています。

```
class BaseForm {
  // 追加
  setValues(newValues) {
    Object.entries(newValues).forEach(([name, value]) => {
      this._items[name].value = value;
    });
  }
}
```

新しく更新される値のObjcetを引数に渡します。そうすると渡した項目の値が更新されます。

全ての項目が更新されるわけではなく、Objectに存在するものだけ更新します。次のようにnameだけのObjectであればnameのみ更新されます。

```
{
  name: '',
}
```

項目間のバリデーションの管理

項目間のバリデーションを行えるようにするために、addRelationshipValidatorメソッドを追加します。このメソッドはパスワード一致のバリデーションなど、項目を超えてバリデーションする必要があるときに使うことを想定しています。このメソッド自体はまだβ版という位置づけです。というのもカテゴリとタイトルのようなバリデーションには対応できていないからです。

※ 作りはしたのですが引数が煩雑になり複雑さが増すだけだったので今回の実装では見送りました。

```
class BaseForm {
  // 追加
  addRelationshipValidator({ names, validator, message }) {
    // 存在している与えられたnamesが存在している確認している
    names
      .filter(name => {
        return name in this._items === false;
      })
      .forEach(name => {
        throw new Error(`[BaseForm] ${name} is not set item`);
      });
    names.forEach(name => {
      // それぞれの値にObserverを追加し、バリデーションを実行させている
      this._items[name].addValueObserver(() => {
        if (validator.call(this)) {
          this._removeMessages(names, message);
        } else {
          this._addMessages(names, message);
        }
      });
    });
    return this;
  }

  // 追加
  _addMessages(names, message) {
```

```
  names.forEach(name => {
    this._items[name].addMessage(message);
  });
}

// 追加
_removeMessages(names, message) {
  names.forEach(name => {
    this._items[name].removeMessage(message);
  });
}
}
```

　addRelationshipValidator メソッド、_addMessages メソッド、_removeMessages メソッドを追加しています。_addMessages メソッド、_removeMessages メソッドは names の項目にまとめてメッセージの追加や削除を行うためのメソッドです。addRelationshipValidator メソッドで追加したバリデーションがエラーと判定したときに同じメッセージを複数の項目に追加できるようにするために用意しています。

　addRelationshipValidator メソッドでは BaseFormItem の addValueObserver メソッドを利用して、値が変更したときにバリデーションを行うようにしています。

　使用例は、次のパスワード変更するためのフォームのを想定したサンプルをご覧ください。import やメソッドなどは一部省略しています。完全版は GitHub リポジトリ（https://github.com/mya-ake/vue-tips-samples/blob/master/form/src/forms/PasswordUpdateForm.js）をご覧ください。

```
export class PasswordUpdateForm extends BaseForm {
  constructor({ password = '', passwordConfirm = '' } = {}) {
    super();
    this.addItem(
      'password',
      new PasswordFormItem(password).validate(),
    );
    this.addItem(
      'passwordConfirm',
      new PasswordFormItem(passwordConfirm).validate(),
    );

    this._addRelationshipValidator();
  }
```

```
  _addRelationshipValidator() {
    this.addRelationshipValidator({
      message: 'パスワードが一致しません',
      names: ['password', 'passwordConfirm'],
      validator: this._matchPassword,
    });
  }

  // パスワードが一致しているかのバリデーター
  _matchPassword() {
    // BaseFormItemのstates.dirtyを参照して
    // 入力していないのにエラー判定となるのを防ぐ
    if (this.items.password.states.dirty === false) {
      return true;
    }
    if (this.items.passwordConfirm.states.dirty === false) {
      return true;
    }
    // それぞれ入力された場合のみ一致チェックをしている
    return this.items.password.value ===
this.items.passwordConfirm.value;
  }
}
```

まとめ

　BaseFormクラスについて解説しました。メソッド単位で解説したため、全体のコードはこの書籍には載っていません。全体を確認したい方はGitHubのリポジトリ（ https://github.com/mya-ake/vue-tips-samples/blob/master/form/src/lib/BaseForm.js ）をご確認ください。

　BaseFormクラスは、フォーム全体の項目の値やエラーの監視を行う役割を担っています。その監視を行うために、BaseFormItemクラスのaddInvalidObserverメソッドやaddValueObserverメソッドなどを利用しています。そのためBaseFormItemクラスへの依存度が強いです。そこでBaseFormクラスでは、instanceofを利用して追加されるitemのチェックを行っています。これによりBaseFormItemクラスのインスタンスのみを受け付けるようにしています。instanceofを使うことで引数の型を期待するものだけ受け付けることができるので、JavaScriptだけの環境でも型を絞った開発をすることができます。堅いアプリケーションを作りたいときの参考になれば幸いです。

3.3 form-itemミックスイン

form-itemミックスインはBaseFormItemクラスをVue.jsのコンポーネントで扱い、バリデーションやエラーメッセージの表示などの状態を管理する機能を提供します。

機能に関しては前の章の「form-itemミックスインを追加したFormInputコンポーネントの作り方」で紹介しているので、この節では次の2点を解説します。

1．form-itemミックスインの実装
2．バリデーションのUX向上

1.form-itemミックスインの実装

form-itemミックスインでは、props、data、computed、methodsを定義しています。コードは次のようになっています。長いですが、数が多いだけなのでコード中のコメントで「これはなになのか」というのを書いていきます。

またコメント中にdirtyモードやtouchedモードという単語が出てきます。これは次の「バリデーションのUX向上」で解説します。

```javascript
import { BaseFormItem } from '@/lib';

// ユーザー操作の状態を管理するためのObjectを生成する
const createInitialStates = () => {
  return {
    touched: false,
    touchedAfterDirty: false,
  };
};

export const formItemMixin = {
  props: {
    value: {  // 値
      type: String,
      required: true,
    },
    id: { // id属性
      type: String,
      required: true,
    },
    formItem: { // BaseFormItemのインスタンス
      type: BaseFormItem,
      required: true,
    },
```

```
    label: {   // labelタグのテキスト
      type: String,
      required: true,
    },
    name: { // name属性
      type: String,
      default: '',
    },
    dirty: {   // dirtyモードのフラグ
      type: Boolean,
      default: false,
    },
    touched: {   // touchedモードのフラグ
      type: Boolean,
      default: false,
    },
    touchedAfterDirty: {   // touchedAfterDirtyモードのフラグ
      type: Boolean,
      default: false,
    },
  },

  data() {
    return {
      // ユーザー操作の状態を管理するためのObject
      states: createInitialStates(),
    };
  },

  computed: {
    // name属性に付加するための値
    nameAttr() {
      // name propsがなければid propsを代用する
      return this.name || this.id;
    },

    // dirty状態か
    isDirty() {
      return this.formItem.states.dirty;
    },

    // touched状態か
```

```js
isTouched() {
  return this.states.touched;
},

// touchedAfterDirty状態か
isTouchedAfterDirty() {
  return this.states.touchedAfterDirty;
},

// エラーメッセージを表示可能な状態か
attrShowErrorConditions() {
  if (this.dirty) {
    // dirtyモードのとき動作
    if (this.isDirty === false) {
      return false;
    }
  }
  if (this.touched) {
    // touchedモードのとき動作
    if (this.isTouched === false) {
      return false;
    }
  }
  if (this.touchedAfterDirty) {
    // touchedAfterDirtyモードのとき動作
    if (this.isTouchedAfterDirty === false) {
      return false;
    }
  }
  return true;
},

// formItemインスタンスのmessageプロパティを参照
messages() {
  return this.formItem.messages;
},

// formItemインスタンスのinvalidプロパティを参照
invalid() {
  return this.formItem.invalid;
},
```

```js
    // エラーを表示できるか
    showError() {
      return this.invalid && this.attrShowErrorConditions;
    },
  },

  methods: {
    // inputイベントをハンドリングして親コンポーネントにemitする
    // v-modelの値更新をするのが目的
    handleInput(evt) {
      const value = evt.target.value;
      this.$emit('input', value);
    },

    // blurイベントをハンドリングして、状態の更新や
    // バリデーションを実行する
    handleBlur() {
      this.states.touched = true;
      if (this.isDirty) {
        this.states.touchedAfterDirty = true;
      }
      this.validate();
    },

    // formItemインスタンスのvalidateメソッドを呼び
    // バリデーションを実行する
    validate() {
      this.formItem.validate();
    },

    // ユーザー操作の状態をリセット
    resetStates() {
      this.states = createInitialStates();
      this.formItem.resetStates();
    },
  },
};
```

《Tips》propsのtypeに関するtips
　propsのtypeには型を定義でき、その型に一致するもののみを受け入れます。もし違う型だった場合はエラーになります。

今回はString、Boolean、BaseFormItemの3つを使っています。Booleanを指定した場合は次のように書くと値がtrueになります。

```
<form-input dirty/>
<form-input v-bind:dirty="true"/>
```

BaseFormItemを指定するとBaseFormItemクラスのインスタンスである場合のみ受け入れるようになります。これは内部的にinstanceofを使ってチェックしてくれているからです（ドキュメント：https://vuejs.org/v2/guide/components-props.html#Type-Checks ）。そのためpropsで特定のclassのインスタンスのみ受け付けたいときには特定のclassを指定してあげることでtypeのチェックが動作するようになります。

2.バリデーションのUX向上

要件の「ユーザーの入力が完了してからエラーメッセージを表示する」について、改めて考えてみます。

前の章の「フォームは難しい、そしてめんどくさい」の節では、フォーカスが外れたという条件を入力が完了したとき、と定義しました。これに加えてユーザーが一度でも入力したらという条件も追加しましょう。

これらふたつの条件はAngularのNgForm（https://angular-ja.firebaseapp.com/api/forms/NgForm）のtouchedとdirtyです。touchedはフォーカスが外れたという条件であり、dirtyはユーザーが一度でも値を変更したらという条件になります。今回はこれに加えて独自のtouchedAfterDirty（値を変更した後にフォーカスが外れたという条件）を追加します。なぜこの3つを実装するかというと、エラーメッセージの表示のタイミングが自然になるからです。touchedだけだった場合は次のようになります。

・nameという項目にフォーカスを当てる
・nameではなにもせずにemailという項目に行く ←このタイミングでバリデーションされてしまう

つまりユーザーの入力が完了してないどころか、フォーカスを当てただけでバリデーションされてしまっています。これではユーザーの入力が完了してから行う、という要件を満たせていません。

また、dirtyだけでは1文字目を入力したタイミングでバリデーションされてしまいます。これも同じくユーザーの入力が完了してから行う、という要件を満たせていません。

このふたつを組み合わせることで、ユーザーが入力の意思（dirty）を示し、入力が完了（touched）したタイミングでエラーメッセージの表示を行えます。それがtouchedAfterDirtyになります。

あとはtouchedやdirtyの条件を満たすようにできれば、「ユーザーの入力が完了してからエラーメッセージを表示する」の要件は満たせます。実装に関してはform-itemミックスインの

コードを参照していただくのが早いと思います。それぞれの状態をstatesというObjectで持ち、値の変更があればBaseFormItemのstates.dirtyをtrueにし、フォーカスが外れたときにform-itemミックスインのstates.touchedをtrueにします。touchedAfterDirtyはフォーカスが外れたときにdirtyを満たしていればtrueにするという実装になっています。

あとはこれらを適用するための設定を用意してあげることで、コンポーネントを使うときにエラーメッセージの表示を制御することができます。その設定がpropsのtouched、dirty、touchedAfterDirtyです。次のようにコンポーネントに書くとtouchedモードとなり、フォーカスが外れるまでエラーメッセージが表示されないようになります。

```
<form-input touched/>
```

また次のようにtouchedとdirtyの両方を付けることもできます。

```
<form-input touched dirty/>
```

このモードや状態を見て表示可能かを判断しているのがcomputedのattrShowErrorConditionsです。このattrShowErrorConditionsがtrue、かつinvalidがtrueのときのみエラーが表示可能かを表すshowErrorがtrueになるようになっています。そのため、このform-itemミックスインが追加されたコンポーネントで、showErrorをv-ifやv-showに指定しておくとエラーメッセージの表示を制御することができます。

《コラム》もっとバリデーションのタイミングを追究したい場合
　今回は次のふたつの条件をエラー表示の判定で利用しています。
・touched
　—フォーカスが外れたとき
・dirty
　—値が変更されたとき
　ただこれだけではユーザーに不思議な体験をさせてしまう可能性があります。touchedを指定していた場合は、フォーカスが外れるまでエラーメッセージが表示されません。そのためユーザーが入力し終わった、と思ってボタンを押そうとしたときに押せないという状況が起こりえます（サンプルのようにbuttonタグのdisabled属性をBaseFormクラスのinvalidで制御している場合）。それはユーザーの入力がエラーであるが、そのエラーの項目のフォーカスを外していない場合です。このときはエラーメッセージが表示されず、ユーザーはなにがおかしいのかわからないのです。
　この問題を解消するには、timerモードを実装するのがよいではないかと考えています。実装するならば、ユーザーのkeyupイベントから1秒後にstates.timerの状態をtrueにするなどして

あげるとよいのではないでしょうか。興味のある方はご自身で実装されてみてください。

まとめ

　この節ではform-itemミックスインの解説を行いました。form-itemミックスイン自体は、状態の管理やイベントのトリガーなど難しいことはあまり行っていません。というのも難しい処理は、ほぼBaseFormItemクラスが引き受けてくれているからです。このように難しい処理を別のJSファイルに逃がしてあげることで、コンポーネントで行う処理は単純になります。

　Vue.jsの場合はSFCなのでひとつのファイルが肥大しがちです。処理が多くなってきたなと思ったら、ミックスイン化やロジック自体を外に出すことで、見通しのよいSFCとなります。また次のユニットテストの節やvue-test-utilsの章にも繋がる話なのですが、コンポーネントになっていないコードの方がテストしやすいです。きれいにファイルを分けてテストしやすい状況に持っていくとプロジェクトに平穏が訪れるので、ぜひ分けることができないかを検討してみてください。

3.4　フォームのユニットテストについて

　BaseFormクラス、BaseFormItemクラス、form-itemミックスインを使ったときのユニットテストについて解説します。これらを使ったときのテスト対象は次の3種類です。

・BaseFormクラスを継承したXxxFormクラス
・BaseFormItemクラスを継承したXxxFormItemクラス
・form-itemミックスインを追加したFormXxxコンポーネント

それぞれ見ていきたいと思います。

※ テストランナーにはJestを利用しています。

※ BaseFormクラス、BaseFormItemクラス、form-itemミックスインのテストは行われているものとします。

BaseFormクラスを継承したXxxFormクラス

　ContactFormクラスを例に考えます。基本的な機能はBaseFormのテストによりカバーできているので、テスト対象は自分で追加したコードになります。列挙すると次のようになります。

・BaseFormを継承していること
・初期化時の引数の値がそれぞれの項目の初期値となっていること
・buildRequestBodyメソッドが期待した構造になっていること
・カテゴリその他を選択したときのタイトルのバリデーションの動作が正しいこと

　この4つの項目だけをテストすればContactFormの動作の確認として十分でしょう。今回のテストコードはGitHubのリポジトリ（ https://github.com/mya-ake/vue-tips-samples/blob/

master/form/tests/unit/forms/ContactForm.spec.js）でご覧になれます。

BaseFormItemクラスを継承したXxxFormItemクラス

　NameFormItemクラスを例に考えます。ContactFormのときと同様に基本的な機能はBaseFormItemのテストによりカバーされています。そうなるとテスト対象は次の3項目です。
- ・BaseFormItemを継承していること
- ・初期化時の引数の値が初期値となっていること
- ・バリデーター

　上のふたつについてはContactFormのときと同様です。

　バリデーターに関してのテストですが、ファイルの構成次第でほぼ不要になります。書籍内の解説では、わかりやすくするためバリデーターのメソッド自体は同じクラス内に定義していました。しかしリポジトリにあるサンプルコードではvalidators.jsというバリデーションを行うための関数をまとめたモジュールを作っています。このモジュールの関数はすべてテストされているので、バリデーションのメソッドをテストしなくとも動作は担保されています。そのため、NameFormItemではわざわざテストを書く必要もありません。

　もちろんNamdFormItem内でモジュール化していないバリデーターが存在するのであれば、そのメソッドをテストする必要があります。また必要はないと書きましたが、エラーとなる値を入れたときに期待するメッセージが存在するかなどのテストをするのは有用です。

　XxxFormItemクラスはテストをきっちり書けるぐらいに時間的な余裕がある場合はテストを用意すればよいですし、もし余裕がなければテストしなくてもよいという位置づけになります。

form-itemミックスインを追加したFormXxxコンポーネント

　次にform-itemミックスインを追加して使っているFormInputコンポーネントのテストについて考えます。FormInputコンポーネントはVue.jsのコンポーネントなので、vue-test-utilsを利用します。

　このコンポーネントのテストすべき項目は次です。
- ・mountされたかどうか
    - ――これはvue-test-utilsの章で解説されています
- ・propsの値がテンプレートに反映されているかどうか
- ・ミックスインのメソッドのhandleInputinputとblurのイベントが登録されているかどうか

　こちらも自分で実装している部分を主にテストすればよいと思います。ほとんどの機能はミックスインで担保されているので、ミックスインのプロパティやイベントハンドラーがしっかりとtemplateに反映されているかどうかのテストするのがよいでしょう。FormInputコンポーネントのテストコードはGitHubのリポジトリ（https://github.com/mya-ake/vue-tips-samples/blob/master/form/tests/unit/components/FormInput.spec.js）に置いているのでご覧ください。

まとめ

　フォームのユニットテストに関しては、自分で記述したところを主にテストしていけば動作は担保できます。ただテストに関してはプロジェクトの時間の都合上、抜けが発生しやすいところになると思います。フォームに関してはバリデーションの関数が一番重要な要素になるので、時間がなくてもバリデーションのテストを行うのがよいでしょう。逆にBaseFormItemクラスを継承しているかどうかは必ずしなければならないというほどでもないので、余裕がある場合に書くぐらいの気持ちでいいと思います（そもそも継承していなければ動作していないはず、というのもあります）。

　テストを書くとプロジェクトに安心感が生まれるので、まだテストを書いてみたことがないという方も小さなところから導入してみるとよいでしょう。

3.5　章のまとめ

　前章に続き、本書のメインであるフォームについて本章では解説してきました。2章構成で、前半ではフォームの要件定義、基礎クラスや基礎ミックスインの使い方の解説を行いました。後半では基礎クラスや基礎ミックスインの中身の解説とテストについて解説しました。解説に使ったコードが動作する環境はGitHubのリポジトリ（ https://github.com/mya-ake/vue-tips-samples/tree/master/form ）にあります。ローカルで動作を確認しながら、色々試してみるとより理解が深まるでしょう。

第4章　Vuexのtips

本章はVuexについて、筆者のユースケースやどのように使っているかなどを解説します。

4.1　ユースケース

みなさんはVuexをどのように利用しているでしょうか？筆者は次のようなケースで利用しています。

- ページをまたいでデータを共有したいとき
- APIのデータをキャッシュしておきたいとき
- モーダルダイアログやトーストなどグローバルに配置しているコンポーネントの操作

ページをまたいでデータを共有したいときは、フォームの章におけるVuexの使い方と同じなのでここでは触れません。残りのふたつをそれぞれ触れていきたいと思います。

APIサーバーのデータをキャッシュしておきたいとき

これは同じリソースへのリクエストが連続で行われる場合、例えば/users/1へのリクエストなどで行ったりすることがあります。「することがあります」と曖昧な書き方にしているのは、キャッシュというものはサービスとしてどの程度行うかを決めるところである、と筆者は考えているからです。そのため、プロジェクトにより方針が変わります。フロントエンドのエンジニアだけで判断せず、APIのエンジニアやサービスの責任者と話して決めていくことが大事です。

モーダルダイアログやトーストなどグローバルに配置しているコンポーネントの操作

こちらはデータというよりもUIの操作としてVuexを使っています。モーダルダイアログやトーストといったコンポーネントは複数箇所で使われるものではないので、それぞれのコンポーネントをページにひとつずつ配置しています。Vuexのactionに表示用のactionを用意しておき、それを呼び出すことで表示を行うようにしたりしてます。これは見てもらう方が早いと思うので、ご興味のある方は下記のサンプルをご覧ください。

https://github.com/mya-ake/vue-tips-samples/tree/master/samples/modal_store

4.2　Vuexの使い方

Vuexの使い方ということで

- モジュールのすすめ
- 一部のmapperヘルパーは使わない

- どの程度Vuexに載せるか
- ストアの値を参照するときはgetterを使う

を取り上げようと思います。

モジュールのすすめ

　筆者は基本Vuexをモジュールとしてしか使いません。そしてnamespacedは常にtrueとしています。その理由は、名前空間をモジュール単位で区切ることができるからです。

　単一ストアVuexを利用していた場合はstateやmutation、actionなどそれぞれの名前が被らないようにするのはとても面倒です。プレフィックスを付けるなどの対応をすれば問題ありませんが、いちいちプレフィックスを書く必要が出て来るので書く量も増えてきます。

　これがモジュールを区切ることで、モジュールがそのプレフィックスの役目を担ってくれるので、名前を気にするのは同じモジュール内だけで済みます。

　ただモジュールモードにも欠点があります。それはmutaionやactionを呼ぶためのキーとなるタイプにモジュール名を付ける必要があるという点です。

　例えば次のようなモジュールがあったとします。

```javascript
const formModule = {
  namespaced: true,
  state: {
    values: null,
  },
  mutations: {
    setValues(state, values) {
      state.values = values;
    },
  },
});

export default new Vuex.Store({
  modules: {
    form: formModule,
  },
});
```

　これをコンポーネント内から呼ぶときは、次のようにモジュール名/mutaionタイプのようにする必要があります。

```
<script>
export default {
  methods: {
```

```
      handleClickToConfirm() {   // 確認ボタンが押されたとき
        this.$store.commit('form/setValues', this.values);
      },
    },
  };
</script>
```

これではプレフィックスを付けて運用してる場合と差がありません。

また、このように文字列で特定の関数呼び出しを行うような場合、呼び出しのキーとなる文字列を定数として使いたいという方も多いのではないでしょうか？筆者もその1人です。ただ、モジュールの場合はモジュール名を付与してあげる必要もあり、そのまま定数としてしまうと結局プレフィックス運用と変わりません。

そこで筆者は次のようなヘルパー関数を用意し、モジュール時でも定数を取り扱いやすくしています。

```
export const buildModuleTypes = ({ moduleName, types }) => {
  return Object.entries(types)
    .reduce((exportTypes, [type, value]) => {
      exportTypes[type] = `${moduleName}/${value}`;
      return exportTypes;
    }, {});
};
```

言葉にすると、objectのvalueにモジュール名を付与するだけの関数です。好みでObject.freeze()して変更できないようにしてしまうのもありだと思います。

このヘルパー関数を適用したVuexストアのコードは次のようになります。※モジュールごとにファイルを分けている想定です。

```
// importは省略

// 定数の宣言
const moduleName = 'form';
const MUTATION_TYPES = {
  SET_VALUES: 'SET_VALUES',
};

// 外から呼ぶとき用のtypesのexport
// 中身はこう { SET_VALUES: 'form/SET_VALUES' } なっている
export const FORM_MUTATION_TYPES = buildModuleTypes({
  moduleName,
```

```
    types: MUTATION_TYPES,
});

// ここからVuexストア用のexport
export const namespaced = true;
export const state = {
  values: null,
};
export const mutations = {
  [MUTATION_TYPES.SET_VALUES](state, values) {
    state.values = values;
  },
};
```

これをコンポーネント内から呼ぶときは次のようになります。

```
<script>
import { FORM_MUTATION_TYPES } from 'storeのpath';

export default {
  methods: {
    handleClickToConfirm() {    // 確認ボタンが押されたとき
      this.$store.commit(
        FORM_MUTATION_TYPES.SET_VALUES,
        this.values
      );
    },
  },
};
</script>
```

　これでモジュール名/mutaionタイプという風に記述する必要はなくなりました。文字数は増えていますが、定数として管理されたキーを使うことができるのでエディタによっては補完が効くでしょう。また、定数を使うことによりストア内部の関数名（objectのプロパティ名）も定数となり、全てが定数経由で管理される状態となりました。※パスのエイリアス（vue cliの@やNuxt.jsの~,@）を使っていると補完はされないかもしれません。

　他にも定数を使うことで得られる恩恵があります。運用が始まり、改修が必要な場合にこのモジュールのこのmutaionはどこで使われているのかというのを見つけやすくなります。FORM_MUTATION_TYPES.SET_VALUESで検索をかけると一目瞭然です。

　まとめると次のようになります。

- モジュール（namespaced:true）を使うことで名前空間をモジュール内に作れる
- ヘルパー関数を作ることで呼び出し時のモジュール名を気にする必要がなくなる
- typesをモジュール内と外部で定数として共有できる

例にmutationを出していますが、getterやactionも同様に定数として扱っています。また、typesを別ファイルとして書き出しているコードをたまに見ますが、同じファイル内に書くことでファイル移動の手間もなくなり手間が軽減されます。Vuexモジュールに関連するものは全て1ファイルとなり、SFCに似た雰囲気とすることもできて個人的にはおすすめです。

一部のmapperヘルパーは使わない

Nuxt.jsを使っていて、mapperヘルパーは基本使わない方針に決めました。Nuxt.jsではfetchとasyncDataというプロパティがあります。これはvue-routerのナビゲーションガードのbeforeRouteEnterと同じタイミングで実行されます。そのため、まだVue.jsのthisが作られておらずmapperヘルパーでactionsなどはマッピングされていません。そうなるとasyncDataのなかではstore.dispatch('actionタイプ')という呼び出しの仕方になり、全体としての統一感がなくなっています。

これらの統一感がなくなるという理由により、ひとつ前の「モジュールモードのすすめ」で書いたようにすべて定数から呼び出すという方法を採るようにしています。

また一部のmapperヘルパーの中には使うものもあります。それはgettersのmapperヘルパーであるmapGettersです。Vuexのgettersはcomputedを使い参照することが多いです。数が少なければいいのですが、数が多くなってくると次のように書くのは面倒です。

```javascript
export default {
  computed: {
    name() {
      return this.$store.getters[MODULE_NAME_GETTER_TYPES.NAME];
    },
    email() {
      return this.$store.getters[MODULE_NAME_GETTER_TYPES.EMAIL];
    },
  },
}
```

そこでmapGettersを使いthis.$store.gettersと書く手間を減らしています。

```javascript
export default {
  computed: {
    ...mapGetters({
      name: MODULE_NAME_GETTER_TYPES.NAME,
      email: MODULE_NAME_GETTER_TYPES.EMAIL,
```

```
      }),
    },
}
```

どの程度Vuexに載せるか

　Vuexは状態管理パターン＋ライブラリーです。これを利用することで、FluxアーキテクチャパターンをVue.jsのアプリケーションに持ち込むことができます。「Fluxアーキテクチャパターンを Vue.js のアプリケーションに持ち込む」というと、全てのデータを Vuex に載せて扱うのが正しいように思えます。ただ、Vuex においては全てを Vuex で扱う必要はないと公式ドキュメントのステートのページ（ https://vuex.vuejs.org/ja/state.html ）最下部に書いてあります。これには筆者も全面的に同意です。

　筆者はVue.js 2.0が出た頃からVue.jsのいくつかのプロジェクトでVuexを利用してきました（2.0が出た頃なので1年半前ぐらいから触ってますが、Angularを使ったりServerlessやったりもしているので実質1年ぐらい）。その都度どれぐらいVuexに載せるかというのを毎回思案しています。ときには全部Vuexで扱ってみたり、なるべくVuexを使わないようにしてみたりと試行錯誤し、次のようなところに落ち着きました。

1．コンポーネント内だけでしか使わないデータはコンポーネントのdataプロパティで扱う
2．コンポーネントを超えて、共有したい使いまわしたいというようなものはVuexに載せる
3．ある種のサービスとしてVuexを使う

　1はそのままの意味ですし、2はユースケースの節で書いたような使い方です。3について少し解説したいと思います。

　ある種のサービスとしてVuexを使う、の「サービス」の意味は、あるドメインに基づく処理を担う役割を指しています。

　例えばUserというドメインがあったとします。このUserの取得（GET）や更新（PUT）などの処理は全てサービス（Vuexのモジュール）に書きます。これだけ聞くと普通では？となるかもしれませんが、特殊な使い方をしているところもあります。それはactionでcommitしないこともあるという点です。邪道的な使い方ですが、Vuexというライブラリーに乗ることによるメリットが大きいため自前のプラグインなどにしていません。そのメリットは「初期の構築コストが抑えられる」「Vue.jsの公式であるためVue.jsのエコシステムに乗れる」「Vuexを使ったことがある人ならなんとなく使える」などです。要は障壁が少ないということです。

　また扱うデータをストアで保存していることにより起こる問題の解消も目的としています。これは、組み込みコンポーネントであるtransitionコンポーネントを使って遷移のアニメーションを付けている場合に起こる問題です。下記の図は次のような状態を表しています。

・遷移前と遷移後で同じストアの同じstateをgetter（またはcomputedでstateから）でユーザーの一覧を参照する

- vue-routerのbeforeRouteEnter（Nuxt.jsのfetchやasyncData）で次のページで使うデータをAPIサーバーからあらかじめ取得する
- APIサーバーからレスポンスが来たらストアのstateを更新
- beforeRouteEnterの間は遷移前のコンポーネントが残っているので、stateに合わせて表示されているユーザーが更新される
- beforeRouteEnterが終わり、遷移先が確定するとtransitionコンポーネントのアニメーションが始まる

図4.1: ストアの表示問題

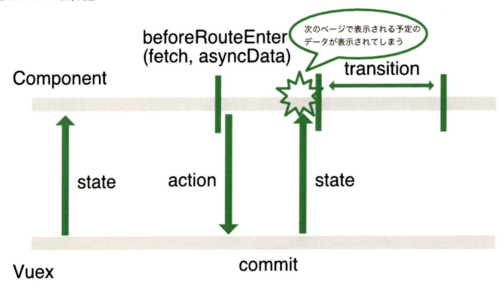

ということが起こり、遷移のアニメーションが起こる前に表示されているユーザーの一覧が更新され、中身だけが先に変わってしまいます。文字や図だけではわかりづらいのでサンプルを用意しました。下記をご参照ください。

・コード：https://github.com/mya-ake/vue-tips-samples/tree/master/samples/vuex_transition_problem

これは遷移前と遷移後で同じストアのstateを参照しているがために起こっています。この問題を回避するにはユーザーの一覧をストアではなく、コンポーネントのdataプロパティで持っておく必要があります。dataプロパティであれば、そのコンポーネントが生存している間であれば変更されることがないので、beforeRouteEnterで事前取得を行っても表示がおかしくなりません。dataプロパティを使うやり方も、期待する動作として前述のサンプルにて記述しています。※ストアのユーザーをページ単位で持たせるなどすることで解消することもできます。

これらのようなことが起こりうるのでactionでcommitせずに、actionの呼び出し元にレスポンスをそのまま返したりしています。

ストアの値を参照するときはgetterを使う

これは言い換えると`this.$store.state`でストアの値を参照しないということです。参照する場合は全てgettersに書きます。なぜこうするのかというと、gettersにストアのインタフェースとしての役割を持ってもらうためです。gettersを使うことでstateの構造を変えたいとなったときの変更がストア内に収まってくれるため、構造の変更によるバグ（プロパティの参照ミスなど）を生みづらくなります。

4.3 まとめ

本章ではVuexのtipsを紹介しました。読者のみなさんに理解していただきたいのは、ここに書かれているのは筆者の経験則による知見であり正解というわけではありません。実際にプロジェクトで使うかどうかは、ご検討の上ご活用ください。

第5章 vue-test-utilsでなにをテストするか

本章はvue-test-utilsというvueコンポーネントをテストするテスティングツールについて解説します。執筆時点ではまだv1がリリースされていませんが（v1.0.0-beta.24）、β版でも十分に使えるものとなってます。

今回筆者はフォームをベースにvue-test-utilsを使ってみました。その中で、なにをテストするかといった方針が得られたので、その知見などを紹介します。

なお、Jestと組み合わせて使っています。

5.1 最低限のコンポーネントテスト

vue-test-utilsの使い方の紹介を兼ねて、最低限のコンポーネントテストのサンプルを示します。

次のようなコンポーネントがあったとします。コンポーネント名はSampleとしましょう。

```
<template>
  <div>
    <span>vue-test-utilsのサンプル</span>
  </div>
</template>
```

最低限のテストはこうなります。

```
import { shallowMount } from '@vue/test-utils';
import Sample from 'コンポーネントのパス/Sample';

describe('Sample component', () => {
  it('mount', () => {
    const wrapper = shallowMount(Sample);
    expect(wrapper.isVueInstance()).toBe(true);
  });
});
```

これだけでライフサイクルフックのmountedまで、問題なく実行されることが保証できます。

また、vue-test-utilsにはコンポーネントをマウントする方法として、mountとshallowMount

のふたつがあります。違いはテスト対象の子コンポーネントまでマウントするかです。基本は
テスト範囲をコンポーネント内だけにした方が原因の特定もしやすいのでshallowMountを
使ってマウントさせればよいと思います。子コンポーネントと密な関係があり、その関係も含
めてテストしたい場合はmountを使うという判断でよいでしょう。

5.2 テストの方針

ここでは「なにをテストするか」について考えます。

基本的にはホワイトボックステストというよりもブラックボックステストをする感覚がよい
と思います。具体的には次の3つをテストすると効果が高いでしょう。

1．無事にマウントされること
2．イベントが発火し期待した結果となること
3．propsで受け取る値により期待した結果となること

それぞれ見ていきます。

1.無事にマウントされること

これは前節の「最低限のコンポーネントテスト」で書いたようなテストです。シンプルにマ
ウントして、そのマウントしたものがVueのインスタンスであるかをチェックするだけです。

```
const wrapper = shallowMount(Sample);
expect(wrapper.isVueInstance()).toBe(true);
```

先程も書きましたが、これだけでライフサイクルフックのmountedまでの処理が正常に実行
されていることを保証できます。コンポーネントによってはこれだけでテストが完了するかも
しれません。

2.イベントが発火すると期待した結果となること

これはユーザーの操作に起因する処理のテストです。具体的には「入力した」「ボタンをク
リックした」などです。v-onからトリガされるmethodsのテストと言い換えることができるか
もしれません。

次のコードはボタンをクリックするとメッセージが表示されるというコンポーネントのクリッ
クイベントのテストです。ちなみにv-on:xxxのイベントは開発者が明示的に呼び出す必要が
あります。

```
const wrapper = shallowMount(Sample);
const button = wrapper.find('.button')
const messaage = wrapper.find('.message')
```

```
expect(messaage.isVisible()).toBe(false);
button.trigger('click');
expect(wrapper.isVisible()).toBe(true);
```

　メッセージが非表示になるということはdataプロパティにいる変数を変えたからであり、その値もチェックした方が良いのではと考える方もいらっしゃるかもしれません。その値をチェックしていない理由は、このコンポーネントにおけるボタンをクリックしたときの動作として期待されることをチェックできていれば、細かな値までチェックする必要はないという考えからです。今回であれば、ボタンをクリックしたときに期待することはメッセージが表示されることです。dataプロパティの、例えばisShowというプロパティの値が変わることを期待しているわけではありません。これがブラックボックステストをする感覚がよいと言っていた理由にもなります。

3.propsで受け取る値により期待した結果となること

　これは親コンポーネントから与えられるpropsにより変化する項目をテストします。例えばボタンの色を変えるようなpropsを持ったコンポーネントがあったとします。このときのテストコードは次のようになります。

```
const wrapper = shallowMount(SampleButton, {
  propsData: {   // コンポーネントのpropsに渡すプロパティ
    kind: 'primary',   // kindというpropsで色を変える
  }
});
// ボタンの色はクラスで変える
expect(wrapper.classes()).toContain('button--primary')
```

　シンプルですが、propsにより変化する項目があるコンポーネントでは行っておきたいテストです。

5.3 テストコードの実例解説

　今回フォームの章のために書いたサンプルプロジェクトのvueのコンポーネント全てに、vue-test-utisのテストを書きました（一部は最低限のテストしかしていません）。

　全てのテストを見たい方はGitHub（ https://github.com/mya-ake/vue-tips-samples/tree/master/form ）に置いているのでそちらをご覧ください。

　その中からFormInputコンポーネントとform-itemミックスインのテストを取り上げます。なぜコンポーネントのテストの実例なのにミックスインなのか？それは本書が同人誌版を底本として商業書籍版を制作する際、サンプルコードが変わったことに起因します。ミックスイン

のテストもコンポーネントのテストとほぼ同じになりますので、実例として解説していきます。

もしフォームの章（2、3章）を読んでないという方は、そちらを読んでからの方がよいかもしれません。どのようなテストをしているかという雰囲気が見られれば良い、という方はそのまま読み進めて問題ありません。

FormInputコンポーネントの実例

FormItemコンポーネントのテストは大きく分けて2種類です。またFormInputコンポーネントは、form-itemミックスインを利用しています。そのためform-itemミックスインに必要なイベントハンドラーが設定されているかのテストも行っています。

1. マウントまでのテスト
2. form-itemミックスインを使ったコンポーネントとして満たすべきハンドラーが登録されているか

1.マウントまでのテスト

マウントまでのテストは3種類書いています。
- A. 無事マウントされること
- B. 基本となるpropsが動作していること
- C. type propsがinputのtype属性として使えるかどうか

Aのテストは先程でてきた無事にマウントされることのテストなので省略します。BとCのテストについてみてみます。

```
it('basic props', () => {
  const formItem = new BaseFormItem('a');
  // 渡すpropsを定義。変数としてわざわざ分けているのは比較に使いたいため
  const props = {
    value: formItem.value,
    id: 'test-id',
    name: 'test-name',
    label: 'test-label',
    formItem,
  };
  const wrapper = shallowMount(FormInput, {
    propsData: props,
  });

  // 参照回数が多いものは変数に入れておく
  const label = wrapper.find('label');
  const labelAttributes = label.attributes();
  const input = wrapper.find('input');
```

```
  const inputAttributes = input.attributes();

  // propsの値がHTMLに反映されてるか確認
  expect.assertions(6); // テスト項目数
  // デフォルトまたは算出された値がHTMLに反映されてるか確認
  expect(label.text()).toBe(props.label);
  expect(labelAttributes.for).toBe(props.id);
  expect(inputAttributes.type).toBe('text');
  expect(inputAttributes.name).toBe(props.name);
  // フォームにpropsの値が入っていることの確認
  expect(input.element.value).toBe(props.formItem.value);
  // メッセージが空になっていることの確認
  expect(wrapper.findAll('li').wrappers).toHaveLength(0);
});

it('type props によって input タグの type が設定される', () => {
  const formItem = new BaseFormItem();
  const wrapper = shallowMount(FormInput, {
    propsData: {
      value: formItem.value,
      id: 'test',
      label: 'test',
      formItem,
      type: 'password', // type propsのテスト
    },
  });

  const input = wrapper.find('input');

  // inputタグのtype属性に反映されているか確認
  expect(input.attributes().type).toBe('password');
});
```

　expect.assertions(6)のテスト項目数は、Jestのテスト項目が何個あるかを指定できる設定になります。これを書いている理由ですが、テストが更新されたときの変更を数として見ることができるからです。Gitの差分を見れば変更されていることはわかるのですが、この数があると変更具合がひと目でわかるのでレビューの手助けになると思って付けていますが、なくても問題ありません。

2.form-itemミックスインを使ったコンポーネントとして満たすべきハンドラーが登録されているか

form-itemミックスインを使う場合、次のふたつのハンドラーをトリガーできるようにする必要があります。

・handleInput - input イベントがトリガーされたとき
・handleBlur - blur イベントがトリガーされたとき

それぞれが登録されているかは次のように確認しています。

```js
it('input のイベントハンドラーが設定されているか', () => {
  const formItem = new BaseFormItem();
  const wrapper = shallowMount(FormInput, {
    propsData: {
      value: formItem.value,
      id: 'test',
      label: 'test',
      formItem,
    },
  });

  const input = wrapper.find('input');
  // イベントをトリガー
  input.trigger('input');

  // 1回だけ実行されたかの確認
  expect(wrapper.emitted('input')).toHaveLength(1);
});
it('blur のイベントハンドラーが設定されているか', () => {
  const formItem = new BaseFormItem();
  // Jestのモック関数を用意
  const mockValidate = jest.fn();
  // フォーカスが外れるとバリデーションが実行されるので
  // バリデーションメソッドをモック関数に差し替え
  // ※ blurはemitしていないのでemitted()で確認できないため
  formItem.validate = mockValidate;

  const wrapper = shallowMount(FormInput, {
    propsData: {
      value: formItem.value,
      id: 'test',
      label: 'test',
      formItem,
```

```
      },
    });

    const input = wrapper.find('input');
    input.trigger('blur');

    // モック関数が1回呼ばれたことの確認
    expect(mockValidate.mock.calls).toHaveLength(1);
  });
```

form-itemミックスインの実例

　form-itemミックスインは、FormInputコンポーネントやFormTextareaコンポーネントなどに追加されるミックスインです。このミックスインを追加することで、フォームの項目のコンポーネントに求められる機能を持たせることができます。

　ただミックスインのテストをするには、実際にコンポーネントにミックスインを追加する必要があります。今回はテスト用に次のようなシンプルなコンポーネントを用意しました。

```
<template>
  <div>
    <input
      v-bind:value="value"
      type="text"
      v-on:input="handleInput"
      v-on:blur="handleBlur"
    >
  </div>
</template>

<script>
import { formItemMixin } from '@/mixins';

export default {
  mixins: [formItemMixin],
};
</script>
```

　このコンポーネントは、FormInputコンポーネント同様にinputタグをラップしたコンポーネントです。これFormItemコンポーネントと名付けます。そして、このコンポーネントに対してvue-test-utilsを使ったテストを行っていきます。

注意点としては、ミックスインのテストとなるので、HTMLに反映されていることよりも、dataやcomputedの値が期待されているかどうかというテストが主体になっています。ミックスインに関しては、ブラックボックステストではなくホワイトボックステストになります。

FormItemコンポーネントのテストは大きく分けて3種類です。

1．マウントまでのテスト
2．イベントのテスト
3．状態のテスト

1はマウントされることとpropsにより変化する値が正しいかをテストします。2はこのコンポーネントのイベント発生時に起こる処理をテストです。3はFormInputコンポーネントのdirtyとtouchedのテストとなっています。

次にそれぞれを見ていきます。

1.マウントまでのテスト

まずコンポーネントがマウントするところまでのテストを書いていきます。FormItemコンポーネント（form-itemミックスイン）はpropsが多いコンポーネントです。そのためマウントのテストを2種類書いています。

・A. 無事にマウントされること
・B. name propsのテスト

Aのテストは、前述した「無事にマウントされることのテスト」なので省略します。Bはなにをテストしているかというと「name propsがある場合とない場合のテスト」をしています。name propsがない場合はidと同じになる仕様なので、それが満たされているかのテストです。

```
it('nameAttr, name props がない場合 id が入る', () => {
  const formItem = new BaseFormItem();
  const wrapper = shallowMount(FormItemComponent, {
    propsData: {
      value: formItem.value,
      id: 'test-id',
      label: 'test',
      formItem,
    },
  });

  expect(wrapper.vm.nameAttr).toBe('test-id');
});

it('nameAttr, name props がある場合 name props が入る', () => {
  const formItem = new BaseFormItem();
  const wrapper = shallowMount(FormItemComponent, {
```

```
      propsData: {
        value: formItem.value,
        id: 'test-id',
        name: 'test-name',
        label: 'test',
        formItem,
      },
    });

    expect(wrapper.vm.nameAttr).toBe('test-name');
});
```

このコードがマウントまでのテストです。

2. イベントのテスト

次はコンポーネントで発生するイベントのテストです。form-itemミックスインでは次の2種類のイベントがあるので、それぞれのテストしています。

・inputのイベント
・blurのイベント

これらは主に、イベントが発火してそれぞれ期待すべき動きをしているかを確認しています。inputイベントではemitされること。blurイベントではモック関数が呼ばれたことを確認しています。

```
it('value が変更されたら input で値が emit される', () => {
    const wrapper = shallowMount(FormItemComponent, {
      propsData: {
        value: formItem.value,
        id: 'test',
        label: 'test',
        formItem,
      },
    });

    const input = wrapper.find('input');
    // inputに入力する値をセット
    input.setValue('a');

    expect.assertions(2);
    // 一回呼ばれていること
    expect(wrapper.emitted('input')).toHaveLength(1);
    // 呼ばれたときの引数が入力した値と一致していること
```

```js
    expect(wrapper.emitted('input')[0]).toEqual(['a']);
  });

  it('blur されると validate が呼ばれる', () => {
    // Jestのモック関数生成
    const mockValidate = jest.fn();
    // formItemインスタンスのバリデーターを変数に格納
    const validate = formItem.validate;
    // formItemのバリデーターをオーバーライドしてモック関数を差し込み
    formItem.validate = () => {
      // 格納したバリデーターを呼ぶ
      validate.call(formItem);
      // モック関数を呼ぶ
      mockValidate();
    };

    const wrapper = shallowMount(FormItemComponent, {
      propsData: {
        value: formItem.value,
        id: 'test',
        label: 'test',
        formItem,
      },
    });

    const input = wrapper.find('input');
    input.trigger('blur');

    // モック関数が一度呼ばれたか確認
    expect(mockValidate.mock.calls).toHaveLength(1);
  });
```

3.状態のテスト

　最後に状態のテストについてです。複数の状態テストを行っているのですが、どれも似たようなものなので本書では「dirty props が設定されているとき、入力されてから showError が true になる」のひとつだけを例に紹介します。他のテストについては GitHub リポジトリ（https://github.com/mya-ake/vue-tips-samples/blob/master/form/tests/unit/mixins/form-item.spec.js）のコードをご覧ください。

　テストコード中の、テスト用のヘルパークラス InputProcess については後ほど解説します。

```
const emptyValidator = {
  message: '入力禁止',
  validator(value) {
    return value === '';
  },
};

it('dirty props が設定されているとき、入力されてから showError が true になる',
() => {
  // formItemインスタンスの生成
  // バリデーターには文字を入力するとエラーになるバリデーターを設定
  const formItem = new
BaseFormItem('a').addValidator(emptyValidator).validate();
  const wrapper = shallowMount(FormItemComponent, {
    propsData: {
      value: formItem.value,
      id: 'test',
      label: 'test',
      formItem,
      dirty: true,
    },
  });

  expect.assertions(4);
  // エラー状態であるが、エラーは表示されてないことの確認
  expect(wrapper.vm.invalid).toBe(true);
  expect(wrapper.vm.showError).toBe(false);

  // 値を入力
  const inputProcess = new InputProcess(wrapper, formItem);
  inputProcess.input('aa');

  // エラー状態であり、エラーが表示されていることの確認
  expect(wrapper.vm.invalid).toBe(true);
  expect(wrapper.vm.showError).toBe(true);
});
```

　InputProcessというヘルパークラスに関してです。これはinputの入力処理に行われるべき処理をまとめて行ってくれるクラスです。inputタグをラップしたコンポーネントの場合、valueは親のv-modelによって更新されるので、その動きを模倣する必要があります。その模倣をクラスにして、テストコード中の入力処理を簡単に書けるようにしています。

```
// インスタンスからクローンを生成するための関数
// ※ 列挙可能なプロパティのみクローンするのでインスタンスによっては完全にクローンはできない
const cloneInstance = instance => {
  return Object.assign(
    Object.create(Object.getPrototypeOf(instance)),
    instance,
  );
};

class InputProcess {
  constructor(wrapper, formItem) {
    this._wrapper = wrapper;
    this._input = wrapper.find('input');
    this._formItem = formItem;
  }

  // 入力処理を行うメソッド
  input(value) {
    // inputに値を反映
    this._input.setValue(value);
    // ここで親にemitされる

    // formItemインスタンスのクローンを生成
    const formItem = cloneInstance(this._formItem);
    // Observerの設定が切れているので再設定
    formItem._createObserver();
    // 値を更新
    formItem.value = value;

    this._formItem = formItem;
    // v-modelによって変わるpropsを更新
    this._wrapper.setProps({
      value,
      formItem,
    });
  }
}
```

　formItemのインスタンスのクローンを生成していますが、この理由が気になる方もいるかと思います。これはvue-test-utilsのリアクティブを維持するための措置です。本書の執筆中、this._formItem.value = valueとしてsetPropsに入れてもcomputedなどの値が更新さ

れず困っていました。

　vue-test-utilsのissueを見ると、この問題が起票されていました。調べたところ、setPropsには新しいインスタンスを与える必要があることがわかりました。解決できないかと筆者自身がPRを出したのですが、既存の仕様を満たしたまま解消することはできないので、同じインスタンスがsetPropsで渡された場合はエラーが表示されるという仕様になりました。

　……というような経緯により、setPropsにObjectやクラスのインスタンスを渡すときは新しいインスタンスを渡す必要があります。ゆえにインスタンスをクローンする処理が入っています。

5.4　まとめ

　FormInputコンポーネントを例に、なにをテストしているのかということを解説しました。ただ、まだ筆者もvue-test-utilsを使い始めて日が浅く、この内容がベストプラクティスかと言われるとまだなんとも言えません。現状では「スタート時（初期状態）とゴール時（ひとつの処理の終了時）のチェックをする」が一番ではと考えます。そしてテスト対象は、HTMLのclassや属性などの状態にしておくべきです。途中のdataプロパティの値などをチェックしないのは、コンポーネントをブラックボックスとし、とある事象の結果がこうなるというテストをしておけば、その事象のテストとして問題ないと考えるからです。

　またdataプロパティに変更があった際に、その都度テストも修正するのは少し手間であるようにも思います。もちろん途中のdataプロパティの値をチェックすることが悪いというわけではありません。

Jestのスナップショット機能を利用したHTMLのテスト

　Jestにはスナップショットという機能があり、これを使うことでレンダリングされたHTMLが以前のものと変わっていないかテストすることができます。ただし、HTMLのスナップショットテストはHTMLにclassを追加しただけで前回のスナップショットと一致しなくなってしまい、スナップショットを更新する必要があります。そのためHTMLのスナップショットテストはテストとしての信頼度はあまり高くないと筆者は考えています。しかしながら、低コストで導入できるので、変わったときは変わったときと割り切れるのであればとても有用なテストです。チームのメンバーと許容できるかを相談して導入を判断するとよいと思います。

　※スナップショットはHTMLだけでなくdataプロパティなどの値に対してスナップショットをとることも考えられます。

テストのコメント

　Jestなどのテスティングツールではそのテストに対する名前やコメントを書くと思います。`describe`や`it`の第一引数です。これは無理に英語で書く必要はないと思います。無理に英語

で書いて情報が欠落するくらいなら日本語で書いてしまってよいと筆者は考えます。

vue-test-utilsをどこから導入する？

　とりあえず全てのコンポーネントに、本章で書いた最低限のテストを導入するのがよいと思います。導入するだけでマウントされることが保証できるので、エラーで表示されなくなったというケースが減るのではないでしょうか。注意点があるとすれば、Vuexやvue-routerを利用している場合は内部で動くような最低限のVuexやvue-routerのインスタンスを与える必要があります。Vuexを用いた例はFormInputコンポーネントの親コンポーネントなどで行っているので、そちらをご参照ください。

第6章 vue-i18nのLazy loadingとvue-router

本章では、vue-i18nという国際化対応のライブラリーとvue-routerについて解説しています。翻訳してあるテキストの言語ファイル（今回はJSON）の分け方や、Lazy loadingについて説明します。

vue-i18nは次のように、各言語を束ねたobjectを作りそれをvue-i18nのインスタンスに渡し、vue-i18nのインスタンスをVue.jsのルートインスタンスに渡します。そして表示するときは$tメソッドかv-tディレクティブを使用します。

```
// 各言語のテキストを束ねたobjectを作成
const messages = {
  en: { // objectの1層目のプロパティ名が言語・地域を表す
    message: {
      hello: 'hello world',
    },
  },
  ja: {
    message: {
      hello: 'こんにちは、世界',
    },
  },
};

const i18n = new VueI18n({
  locale: 'ja', // localeに入れた値のものが表示される
  messages,
});

new Vue({
  template: '<p>{{ $t('message.hello') }}</p>',
  i18n,   // vue-i18nのインスタンスを渡す
}).$mount('#app');
```

このようにvue-18nでは表示するテキストをobjectとして管理しています。ただこのobjectは翻訳された各言語のテキストです。大抵のプロジェクトでは、エンジニアとは別に翻訳する人がいると思います。そのためJavaScriptのコードとして管理するのはいささか運用上の支障

が出そうです。そこで別のJSONファイルとして、各言語のテキストを管理させる方がよいでしょう。そもそもJSONで管理するのもどうかという考え方もあり、JSONを生成するようなツールを作る方針も採った方がよさですが、今回は触れません。

まず、各言語のファイルとなるJSONの構成をどのようにするのかを解説し、その後Lazy loadingについて説明します。

6.1　説明の前の補足

本章の冒頭のコードのコメントにも書きましたが messages は object の1層目が言語・地域を表します。次のように、「aa言語」など、意味のない名前でも一応OKです。ただし、実際に使うときは無難に命名は **ISO 3166-1** などの標準化された名前（コード）を使うと良いでしょう。

```
const messages = {
  aa: { /** aaという言語のテキストのobject */ },
  bb: { /** bbという言語のテキストのobject */ },
  cc: { /** ccという言語のテキストのobject */ },
};

const i18n = new VueI18n({
  locale: 'aa', // messages.aa が利用される
  messages,
});

// messages.bb が利用されるようになる
i18n.locale = 'bb';
```

6.2　言語テキストはどう分ける？

JSONの構成を考える前に、vue-i18nに渡す messages の構造について把握する必要があります。冒頭に書いたコードからもわかるように、messages の2層目からが各言語のテキストを持った object になります。その各言語の object を JSON ファイルとしたいと前述しました。そこで、各言語をJSONにするときの戦略を考えます。

※Webpackなどのバンドラーを使っているプロジェクトであれば、基本的にJSONをimportするとそのままJavaScriptのobjectになります。

vue-i18nの言語テキストの持たせ方

vue-i18nにおいて、言語のテキストをvI8nのインスタンス持たせる方法はふたつあります。

1．ルートのインスタンスに入れる
　2．コンポーネントのインスタンスに入れる

　それぞれの特徴を挙げると、1は読み込むとVue.jsのアプリケーションが生きている間ずっと生き続けます。その代わり同じルートに属するコンポーネントのどこからでも使えます。

　2はコンポーネントが破棄されると一緒に消えます。またコンポーネントで読み込んだテキストはコンポーネント内でしか使えません。他のコンポーネントで同じものを使用したい場合は他のコンポーネントでも同じように読むこむ必要があり、重複が発生します。

　これらを踏まえて、言語テキストの読み込み戦略は3つあります。

- ルートに全て入れる
- コンポーネントに必要なものだけ入れる
- ルートとコンポーネントを併用する

　ちなみにコンポーネントにメッセージを定義して、コンポーネント内に存在しないメッセージだった場合は、ルートに定義されているメッセージを参照するようにフォールバックされます。開発中はconsoleに注意が出ますが、テキストが問題なく表示されていれば問題ありません。この機能に関してはドキュメント（https://kazupon.github.io/vue-i18n/en/component.html）をご覧ください。

　またコンポーネントに持たせる場合はSFCにi18nというカスタムブロックを定義することで、コンポーネントのインスタンスにテキストを持たせることができます。カスタムブロックを使う場合はvue-i18n-loaderが必要になります。使い方などはドキュメント（https://kazupon.github.io/vue-i18n/en/sfc.html）をご覧ください。

言語テキストをvue-i18nで扱えるようにするタイミング

　言語テキストを実際に表示させるには、ルートのインスタンスまたはコンポーネントのインスタンスに読み込ませる必要があります。読み込ませるタイミングは3つあります。

- ルートインスタンス生成時
- コンポーネントインスタンス生成時
- Lazy loading（アプリケーション起動中に任意のタイミングで読み込み）

言語ファイルをどれだけ分けるか

　言語ファイルは1言語につきひとつのJSONファイルである必要はありません。importしてJavaScriptのobjectになってしまえば、いくらでもマージさせることができるからです。JSONファイルの分け方ですが、サービスのページ構成によるところが大きいので一概に言い切れません。共通部分ごとにJSONファイルを作ってもよいでしょう。

最適そうな持たせ方とタイミング

　インスタンスに持たせるタイミングを考慮すると、次の3つが候補になります。

1．全てを最初からルートインスタンスに全言語を持たせる
2．共通部分はルートインスタンスにして、個別で必要なものはコンポーネントで全言語を持たせる
3．表示に必要なものが出てきたら取得してルートインスタンスに各言語を持たせる

1は巨大になればなるほど初期のロードも遅くなりますが、実装が簡単です。2はCode Splittingをしていれば必要なタイミングになると読み込まれるので、最初に全て持つよりは初期のロードは早くなります。vue-i18n-loaderを使っていれば実装するのは簡単です。ただし、読みこんだテキストが重複することもあります。3は実装の難易度が高いのですが、必要になるものしか取得しないようにするなどデータの管理という点でとてもすぐれています。

これらはトレードオフの関係です。簡単な実装にすれば初期ロードは重くなり、複雑な実装にすれば初期ロードは軽くなる。実際にプロジェクトを始めるときによく検討してください。

今回はデータ管理を優先している3を実装していきます。

6.3　言語テキストのLazy loading

言語テキスト（JSON）のLazy loadingについて書いていきます。一応ドキュメントにLazy loadingに関するページ（https://kazupon.github.io/vue-i18n/en/lazy-loading.html）があるのですが、言語単位で読み込んでいるサンプルなので、今回はより細かい粒度で読み込ませることを目指したいと思います。

今回作成したサンプルのコードはGitHub（https://github.com/mya-ake/vue-tips-samples/tree/master/i18n）に置いています。

仕様など

目指すところ
- axiosを使ってHTTPリクエストでJSONファイルを取りにいく
  ―JSONが同じプロジェクト内にいないことも考慮してaxiosを使う
- ページ単位で必要なものを取りに行く
- 日本語（ja）と英語（en）の2言語

仕様
- vue-i18nの言語はパスで決定する
  ―https://example.com/:langの:lang
- デフォルト言語は日本語（ja）
- /:langと/:lang/aboutの2ページ構成
- JSONファイルは各言語で3カテゴリに分ける
  ―common.json：ナビゲーションなどの共通部分
  ―home.json：/:lang画面のテキスト

―about.json：/:lang/about画面のテキスト
- langなしでアクセスがあった場合はデフォルト言語のホームに飛ばす
- 404ページなどについては、遷移先がない場合デフォルト言語のホームに飛ばす

実装ステップ
- vue-i18nの設定
- ルーティング
- Lazy loading
- 遷移時のJSON取得

実装

実装に入る前に、ホーム画面のHome.vue、About.vueはすでに実装されている、という前提で解説します。

vue-i18nの設定

まずvue-i18nのインスタンスから生成します。細かい解説はコメントを参照してください。

```
// i18n.js

// 定数を先に定義
const fallbackLocale = 'ja';    // フォールバックとなるデフォルト言語
const allowedLanguages = ['ja', 'en'];    // 使う言語 = 許可する言語
const categories = ['common', 'home', 'about']; // JSONファイルのカテゴリ

/**
 * 各言語各カテゴリを読み込んだかを管理しておく変数を作成
 * 構造はこのような感じ
 * {
 *   common: {
 *     ja: false,
 *     en: false
 *   }
 *   // ...略
 * }
 * 読み込むとtrueになる
 */
const localesLoadStatus = categories.reduce((status, category) =>
{
  status[category] = allowedLanguages.reduce((obj, language) => {
    obj[language] = false;
```

```
      return obj;
    }, {});
    return status;
  }, {});

export const i18n = new VueI18n({
  locale: fallbackLocale, // 初期言語
  fallbackLocale, // フォールバック言語
  messages: {}, // 必要になったら読み込むので空objectを渡しておく
});
```

ルーティング

　i18n対応のアプリケーションの場合、ルーティングは少し厄介です。

　今回はホーム画面がhttps://example.com/:langのようにパスのひとつ目を言語としています。そのためhttps://example.comにアクセスした場合はhttps://example.com/ja、https://example.com/aboutにアクセスした場合はhttps://example.com/ja/aboutのように言語つきのパスにリダイレクトする必要があります。

　今回は2ページ構成なので愚直に全パスを書いたルーティングテーブルを用意してもいいのですが、実際のサービスで2ページということはまずありません。

　そこで:langなしのルーティングテーブルを作り、これを元に:langつきのルーティングテーブルを自動で生成するようにしましょう。また:langなしにアクセスしたときは:langありの同じパスへリダイレクトする必要があります。これはvue-routerのredirectを使います。

　これを踏まえたコードは次のようになります。

　※i18nという変数はひとつ前のステップで作ったvue-i18nのインスタンスです。

```
// router.js

// :langなしルーティングテーブルを作る
const routes = [
  {
    path: '/',
    name: 'home',
    component: Home,
  },
  {
    path: '/about',
    name: 'about',
    component: About,
  },
```

```
];

// :langありのルーティングテーブルを
// :langなしルーティングテーブルから生成する
const routesI18n = routes.map(route => {
  // 引数のrouteを書き換えると元のルーティングテーブルも変更されてしまうので
  // 参照して新しいrouteのobjectを作る
  return {
    path: '/:lang${route.path}',
    name: 'lang-${route.name}',
    component: route.component,
  };
});

// 元のルーティングテーブルをリダイレクト用に書き換え
routes.forEach(route => {
  delete route.component; // コンポーネント削除
  route.redirect = to => {  // 新しくredirectを定義
    // i18nインスタンスのlocaleを言語として設定
    return '/${i18n.locale}${to.fullPath}';
  };
});

// :langありなしのルーティングテーブルをくっつける
const mergedRoutes = routes.concat(routesI18n);

export default new Router({
  mode: 'history',
  routes: [
    ...mergedRoutes,
    { // 定義したルーティングテーブルにマッチしないとき用
      path: '*',
      redirect: '/${i18n.fallbackLocale}', // デフォルトの言語のホームへ
    },
  ],
});
```

Lazy loading

　さて、本題のLazy loadingです。
　まず、vue-i18nにおいてインスタンス生成時以外で言語テキストを追加するには、

setLocaleMessageという関数を使います。使い方は次のようになります。

```
i18n.setLocaleMessage('ja', { /** 言語テキストのobject */ });

// 言語のobjectがまるっと上書きされてしまうので
// すでに定義されたものがある場合は次のようにマージさせる
const messages = {
  ...i18n.messages['ja'],
  ...{ /** 追加する言語テキストのobject */ },
};
i18n.setLocaleMessage('ja', messages);
```

このように追加することができるので、Lazy loadingという方法を採ることができます。おおまかな手順を説明すると、axiosでJSONファイルを取りに行き、取得したobjectをsetLocaleMessageに追加していく、というものになります。

これらをコードに落とし込んだものが次のリストです。

```
// i18n.js
// importは省略

/** 定数 */
// ここは先程定義したものと同じ

/** functions */
// 許可されている言語かを判定する関数
export const allowLanguage = lang => {
  return allowedLanguages.includes(lang);
};

// URLから言語を抽出する関数
export const extractLanguage = () => {
  if (typeof window === 'undefined') {
    return fallbackLocale;
  }
  const lang = window.location.pathname
    .replace(/^\/|\/$/g, '')
    .split('/')
    .shift();
  if (allowLanguage(lang) === false) {
    return fallbackLocale;
  }
  return lang;
```

```
};

// インスタンス生成（変化なし）
export const i18n = new VueI18n({
  locale: fallbackLocale,
  fallbackLocale,
  messages: {},
});

// 言語が変わるときに変更が必要な処理をまとめて行う
// 許可されてない言語や変化がない場合はなにもしない関数
export const setLang = async lang => {
  if (allowLanguage(lang) === false) {
    return;
  }
  if (lang === i18n.locale) {
    return;
  }
  // 共通のcommonカテゴリの言語テキストを取得する
  await loadLocaleMessage(lang, 'common');
  i18n.locale = lang; // 言語変更
  axios.defaults.headers.common['Accept-Language'] = lang;
  document.querySelector('html').setAttribute('lang', lang);
};

// 言語ファイルのリクエストをするかどうかのチェックをする
const requestableLocaleMessage = (lang, category) => {
  if (allowLanguage(lang) === false) {
    // 許可された言語でない（扱っていない言語）
    return false;
  }
  if (typeof category !== 'string') {
    // カテゴリが入っていない
    return false;
  }
  if (category in localesLoadStatus === false) {
    // 定義されてないカテゴリ
    return false;
  }
  if (localesLoadStatus[category][lang] === true) {
    // 読み込み済み
    return false;
```

```
  }
  return true;
};

// 新しいJSONファイルを取得して、メッセージの取得確認まで行う役割を持っている
export const loadLocaleMessage = async (lang, category) => {
  // 先にリクエストするかをチェック
  const requestable = requestableLocaleMessage(lang, category);
  if (requestable === false) {
    return;
  }

  // JSONファイルを取得する
  const response = await axios
    // JSONの保存先は /locales/カテゴリ/言語.json に保管されているとする
    .get(`/locales/${category}/${lang}.json`)
    .catch(error => error.response);
  if (response.status !== 200) {
    // 本来であれば細かくエラーハンドリングした方がいい
    return;
  }
  const message = response.data;
  // すでにあるものとマージさせる
  const messages = {
    ...i18n.messages[lang],
    ...message
  };
  // i18nに反映
  i18n.setLocaleMessage(lang, messages);
  // 管理しているobjectを更新
  localesLoadStatus[category][lang] = true;
};
```

遷移時のJSON取得

　遷移時にデータの取得を行うために、vue-routerのナビゲーションガードを使います。ガードという名前が付いてるので認証に使う機能と思えますが、遷移時に任意の処理が書けるものという認識でよいと思います。実際に遷移アニメーションを付ける場合は、beforeEachとafterEachを使います。

※transition タグは同じコンポーネント間の遷移の場合は動作しない仕様となっています。そのため、個別の処理が必要になったりするため筆者は使わない方針にしてます。

今回は次のページへの遷移前に次のページに必要な言語テキストを取得したいので、beforeEach を使います。またそのページに必要な言語テキストのカテゴリの指定に、vue-router のメタフィールドを使います。メタフィールドは次のようにルーティングテーブルに定義することができます。

```
// router.js

const routes = [
  {
    path: '/',
    name: 'home',
    component: Home,
    meta: { // このような感じでmetaプロパティを追加
      locale: {
        category: 'home',
      },
    },
  },
  // 省略
];
```

メタフィールドを参照するように beforeEach の処理を書くと次のようになります。

```
// main.js

// routerインスタンスに処理を定義
router.beforeEach(async (to, from, next) => {
  const lang = to.params.lang;

  if (allowLanguage(lang) === false) {
    // 許可されてない言語の場合はホームへ
    next(`/${i18n.locale}`);
    return;
  }

  // メタフィールドからlocale objectを取り出し
  const { locale } = to.meta;
  // 言語をセット
```

```
  await setLang(lang);
  // 言語テキストの読み込み
  await loadLocaleMessage(lang, locale.category);
  // ※このawaitの連続はPromise.allでまとめてしまうのも◯

  next();
});
```

これで言語テキストを必要なときに取得するLazy loadingを実装することができました。ただ実装してみたところいくつかの課題が見えてきました。

その課題については次節で述べます。

6.4 まとめと課題

本章はvue-i18nの言語テキストの扱いについて、Lazy loadingの実装について解説しました。誌面の都合で紹介しきれていない箇所もあるので、全容を把握したい方はGitHub（https://github.com/mya-ake/vue-tips-samples/tree/master/i18n）をご覧ください。また今回のサンプルのコードは使えるには使えるのですが、課題もあります。

課題は次のふたつです。

1. 同じコンポーネント間の遷移の場合は、beforeEachの処理を待たずにレンダリングされてしまう
2. v-tでは意図しない表示になる可能性がある

それぞれ見ていきますが、2は1に起因しているところでもあります。

1.同じコンポーネント間の遷移の場合はbeforeEachの処理を待たずにレンダリングされてしまう

今回のケースでは、言語切り替えのリンクを押した場合に発生します。ホーム（ja）からホーム（en）に遷移する場合はHomeコンポーネント同士の遷移となるため、Homeコンポーネントは表示され続けてしまいます。そのためbeforeCreate~mountedのライフサイクルフックが発火しません。それでは次ページの言語テキストの取得を待たないので、言語テキストが存在しないときと同じ表示になってしまいます。`$t('message.hello')`と書いていたら`message.hello`と表示されます。

今回はこの問題の対策として、HomeコンポーネントにbeforeRouteUpdateプロパティを定義することである程度解消しています（完璧ではありません）。

beforeRouteUpdateプロパティはvue-routerのライフサイクルイベントを定義できるプロパティです。これは遷移が同じコンポーネント間で発生したときに呼ばれるプロパティです。このプロパティの中でVue.jsの`forceUpdate`関数を呼び、強制的にコンポーネントを更新させ

ています。

```
beforeRouteUpdate(to, from, next) {
  this.$forceUpdate();
  next();
}
```

2.v-tでは意図しない表示になる可能性がある

　これも1と同様に、同じコンポーネント間の遷移で発生します。v-tはcomputedのように結果をキャッシュするvue-i18nのディレクティブです。そのため、コンポーネントの更新時に言語テキストがなかった場合は、言語テキストが存在しないものとして表示されてしまいます。

課題のまとめ

　このように同じコンポーネント間の遷移の場合は、コンポーネントのライフサイクルが変わるので色々と問題となることがあります。
　※厳密には変わっていませんが、開発者からすると変わっている印象を受けるのでこのように表現してます。
　そのため、このような遷移が起こるコンポーネントの場合は注意が必要です。しばしば起きるコンポーネントとしては検索ページでしょうか。もし検索ページを作っていて不思議な現象に陥ったらbeforeRouteUpdateを使うことで解消できるかもしれません。

あとがき

　最後までお読みいただきありがとうございます。本書は筆者主導で行っているVue.jsとNuxt.jsを使ったプロジェクトの現場で得てきた知見をまとめたものです。まだまだ語りきれてないところもあるので、機会があれば知見を共有していけたらと思います。

　「はじめに」にも書きましたが、Twitterのハッシュタグ#現場で使えるvuejstipsでの感想もお待ちしています。

　最後になりますが、本書は同人サークル「neko-note」の1冊から生まれました。「neko-note」というサークルのコンセプトは、「こんな情報が欲しいと思ってネットを探したけども見つからない。ねこの手も借りたい情報を提供し、初級者が中級者、中級者が上級者になれるようなものを作っていくサークル」です。

　技術書典という場だけでなく、今後も様々な場で情報を提供していけたらと妄想してるので、何卒よろしくお願いします。

著者紹介

渋田 達也（しぶた たつや）

福岡で活動しているweb系のエンジニア。サーバーレスなどのバックエンドのこともしたりするが最近はフロントエンドがメインとなっている。

◎本書スタッフ
アートディレクター/装丁：岡田章志＋GY
表紙イラスト：うぇい（保久上 舞華）
編集協力：飯嶋玲子
デジタル編集：栗原 翔

技術の泉シリーズ・刊行によせて

技術者の知見のアウトプットである技術同人誌は、急速に認知度を高めています。インプレスR&Dは国内最大級の即売会「技術書典」（https://techbookfest.org/）で頒布された技術同人誌を底本とした商業書籍を2016年より刊行し、これらを中心とした『技術書典シリーズ』を展開してきました。2019年4月、より幅広い技術同人誌を対象とし、最新の知見を発信するために『技術の泉シリーズ』へリニューアルしました。今後は「技術書典」をはじめとした各種即売会や、勉強会・LT会などで頒布された技術同人誌を底本とした商業書籍を刊行し、技術同人誌の普及と発展に貢献することを目指します。エンジニアの"知の結晶"である技術同人誌の世界に、より多くの方が触れていただくきっかけになれば幸いです。

株式会社インプレスR&D
技術の泉シリーズ　編集長　山城 敬

●お断り
掲載したURLは2018年9月1日現在のものです。サイトの都合で変更されることがあります。また、電子版ではURLにハイパーリンクを設定していますが、端末やビューアー、リンク先のファイルタイプによっては表示されないことがあります。あらかじめご了承ください。
●本書の内容についてのお問い合わせ先
株式会社インプレスR&D　メール窓口
np-info@impress.co.jp
件名に『本書名』問い合わせ係」と明記してお送りください。
電話やFAX、郵便でのご質問にはお答えできません。返信までには、しばらくお時間をいただく場合があります。なお、本書の範囲を超えるご質問にはお答えしかねますので、あらかじめご了承ください。
また、本書の内容についてはNextPublishingオフィシャルWebサイトにて情報を公開しております。
https://nextpublishing.jp/

●落丁・乱丁本はお手数ですが、インプレスカスタマーセンターまでお送りください。送料弊社負担 でお取り替え
させていただきます。但し、古書店で購入されたものについてはお取り替えできません。
■読者の窓口
インプレスカスタマーセンター
〒101-0051
東京都千代田区神田神保町一丁目105番地
TEL 03-6837-5016／FAX 03-6837-5023
info@impress.co.jp
■書店／販売店のご注文窓口
株式会社インプレス受注センター
TEL 048-449-8040／FAX 048-449-8041

技術の泉シリーズ
現場で使えるVue.js tips集

2018年10月5日　初版発行Ver.1.0（PDF版）
2019年4月12日　Ver.1.1

著　者　渋田 達也
編集人　山城 敬
発行人　井芹 昌信
発　行　株式会社インプレスR&D
　　　　〒101-0051
　　　　東京都千代田区神田神保町一丁目105番地
　　　　https://nextpublishing.jp/
発　売　株式会社インプレス
　　　　〒101-0051　東京都千代田区神田神保町一丁目105番地

●本書は著作権法上の保護を受けています。本書の一部あるいは全部について株式会社インプレスR
＆Dから文書による許諾を得ずに、いかなる方法においても無断で複写、複製することは禁じられてい
ます。

©2018 Tatsuya Shibuta. All rights reserved.
印刷・製本　京葉流通倉庫株式会社
Printed in Japan

ISBN978-4-8443-9843-1

NextPublishing®
●本書はNextPublishingメソッドによって発行されています。
NextPublishingメソッドは株式会社インプレスR&Dが開発した、電子書籍と印刷書籍を同時発行できる
デジタルファースト型の新出版方式です。https://nextpublishing.jp/